ubu

GENÉTICA NEOLIBERAL
UMA CRÍTICA ANTROPOLÓGICA DA PSICOLOGIA EVOLUCIONISTA
SUSAN MCKINNON

TRADUÇÃO
HUMBERTO DO AMARAL

7   *Prefácio a esta edição*
     CHRISTIAN INGO LENZ DUNKER

20   *Introdução*
36   1. Mente e cultura
70   2. Indivíduo e sociedade
104 3. Sexo e gênero
158 4. Ciência e ficção
186 5. Ciência e moralidade
198 *Agradecimentos*

201 *Posfácio*
     MARTA LAMAS

211 *Bibliografia*
220 *Sobre a autora*

PREFÁCIO A ESTA EDIÇÃO

O EXCESSO DE INCONSCIENTE NO NEOLIBERALISMO

CHRISTIAN INGO LENZ DUNKER

Este livro da antropóloga estadunidense Susan McKinnon tem como alvo a generalização dos argumentos genéticos para explicar desde a escolha de parceiros amorosos até o sucesso profissional. A genética neoliberal é uma espécie de acomodação semicientífica de conceitos e discursos derivados da teoria da evolução darwiniana, mas aplicados de forma inconsequente, do ponto de vista epistemológico, e perigosa, do ponto de vista ético-político.

Um bom exemplo disso é a psicoterapia do parentesco evolucionista, que envolve comparar as situações de vida ancestrais da espécie humana com as condições reais da forma de vida de uma pessoa e em seguida promover "ajustes adaptativos". Steven Pinker é um grande exemplo dessa espécie de divulgação prática da teoria de Darwin; para ele, aqueles que se opõem às explicações genéticas são simplesmente lunáticos, loucos, delirantes que ainda sofrem dos "disparates românticos". O livro chega em boa hora, quando discutimos a importância da ciência, mas também as "parasitagens ideológicas" das ciências, incluindo aí o que venho chamando de *fake news* científicas. Nesse caso, frequentemente se passa de conceitos sólidos e demonstrações consensuais de aspiração universalista para aplicações erráticas e insólitas. Ao final somos confrontados com o dilema retórico: mas, afinal, você está com Darwin ou não?

Sim, estou com Darwin, não só o de *A origem das espécies*, mas também o de *A expressão das emoções no homem e nos ani-*

mais; fiz meu mestrado em psicologia comparada e animal e estudei a fundo os argumentos da etologia. Mas, já no início dos anos 1990, estudávamos os desastres e imperícias da sociobiologia de Edward Wilson e a sistemática tentação de atribuir à genética um papel de determinação causal direta de comportamentos. Como mostrou Stephen Jay Gould, a história do darwinismo, desde o retardo na divulgação de seus achados iniciais até a incorporação alemã, baseada na síntese feita por Thomas Henry Huxley, e a incorporação francesa pelos positivistas e spencerianos, é o protótipo da ideologização de uma ideia quando ela cruza desavisadamente a linha que separa as ciências naturais das ciências humanas.

Um exemplo básico. Já que o genoma humano é uno, seria justo imaginar que exista uma espécie de "mentalidade central" (*core mindset*) subjacente à diversidade da cultura humana e que, portanto, as relações de parentesco e todas as relações sociais seriam resultado de cálculos genéticos. O raciocínio consiste em distribuir numa reta real um ponto chamado natureza e outro chamado cultura; depois de opor o inato ao adquirido, o que vem de fábrica e o que é acessório, qual é o hardware em que se apoia o software de nosso computador, tudo fica fácil de explicar. Uma mistura de ambos certamente trará para toda a reta o famoso "componente genético". Nem sempre é possível explicar exatamente o ciclo desenvolvimental pelo qual passamos da produção de proteínas, que é o que os genes fazem (além de se relacionar com outros genes), para fenótipos (características aparentes de organismos) e, destes, para reflexos, comportamentos e esquemas de ação. Nesse espaço do "ainda não explicado" intervém a hipótese genética, a ser demonstrada pela detecção exata do gene responsável.

Nos cursos de psicologia comparada, estudávamos à exaustão que a função nunca deve ser confundida com a causa. A função tem que ver com a evolução da espécie e sua história filogenética; a causa, com interferir no desenvolvimento ontogenético, ou seja, da história daquele espécime. Mas agora noções elementares parecem ter sido suspensas, e temos de conviver, abertamente, com genes da fidelidade, do altruísmo, da formação de grupos, genes que nos predispõem a brincadeiras, que retribuem bondade com bondade, genes da submissão, da ambição e da competitividade, do macho traído, da ajuda a parentes, da resistência a papéis sociais.

Outro erro básico é tentar humanizar os animais lendo suas funções e causas como se fossem sempre análogas ou homólogas às nossas. Mantendo-nos apenas nos exemplos recolhidos por McKinnon, existiria um gene que leva um chimpanzé a dar 60 gramas de carne para seu irmão (e não mais que isso), um gene que aconselha os macacos a amar outros macacos que mamaram nos seios de sua mãe, um gene que faz uma criança assassinar sua irmã recém-nascida, um gene que faz uma jovem de quinze anos querer cuidar de um bebê e o soberano e problemático gene que faz com que um macho fecunde (ou queira fecundar) todas as fêmeas.

Quando aprendi genética evolutiva, os genes eram apenas sequências de aminoácidos dispostos em forma helicoidal que reproduziam e continham as regras de ação sobre moléculas. Hoje eles se tornaram "quase pessoas", têm ímpetos como ambição ou competitividade e sentimentos como vergonha ou orgulho. Hoje eles possuem "perspectivas" e "pontos de vista"; "querem" e "fazem valer sua vontade", "calculam", "controlam", "selecionam", "falam" conosco, "aconselham a submissão" e "se disseminam". A seleção natural era um processo de gigantescas proporções temporais envolvendo sistemas ambientais, eras geológicas, mudanças climáticas, alterações imprevisíveis nas relações entre espécies. Aprendi que o ponto central dessa história era a diversidade e a contingência. Hoje, isso tudo parece ter ficado mais simples, e a seleção natural passou a ser:

concebida como "titereira", "legisladora", "programadora cega" e designer que "projeta" organismos, órgãos mentais e adaptações cujo propósito é maximizar a proliferação dos genes. Como administradora por excelência da produtividade genética, a "seleção natural se encarrega do pensamento", tem "metas" e "estratégias", "faz valer sua vontade" e "executa suas políticas". A seleção natural possui tanto desejos quanto a força para realizá-los: ela "quer" e "consegue" que os humanos façam certas coisas – por exemplo, que sejam "bondosos com seus irmãos", mas apenas "*aparentem* ser bondosos" com amigos. (pp. 38-39)

Os argumentos de McKinnon para mostrar como a ascensão do discurso genético é congruente com a ascensão do neoliberalismo são curiosamente análogos aos que desenvolvemos, no interior do Laboratório de Teoria Social, Filosofia e Psicanálise da Universidade de São Paulo (Latesfip-USP), para mostrar como o neoliberalismo desenvolveu uma espécie de política global para fazer a gestão do sofrimento humano, dobrando-o segundo uma única lei, uma única forma de entender economia, uma única maneira de fazer ciência e justificar conhecimento. Penso que uma parte da indignação das pessoas comuns com a ciência e com a universidade – e, consequentemente, seu engajamento tantas vezes reativo ao negacionismo, que nos afeta tão brutalmente no enfrentamento da Covid-19 – decorre do uso excessivo da ciência para justificar políticas, notadamente quando se trata de economia.

Steven Pinker, sociobiólogos e psicólogos evolutivos perdem a razão quando extrapolam a aplicação do darwinismo, desconhecendo seus limites e introduzindo um finalismo no qual tudo está a serviço da proliferação de genes. As emoções, por exemplo, seriam invenções genéticas a serviço da perpetuação dos genes, pois

"[...] nossos objetivos são subobjetivos do supremo objetivo dos genes, replicar-se" [...]; o amor e a amizade não passam de "garantias de crédito"; a solidariedade é "só uma recomendação de investimento bastante disfarçada"; a compaixão é apenas um outro nome para "nossa melhor forma de pechincha", e cuidar bem dos próprios filhos, no fim das contas, é uma forma muito perspicaz de organização de portfólio. (pp. 41-42)

Os genes estão orientados para a "produção de resultados" na forma do comportamento apropriado. Observemos como o vocabulário retórico desse tipo de ciência vai importando cada vez mais significantes da economia: investimento, pechincha, portfólio, crédito, produção. Mas será que é a economia que justifica esse entendimento da teoria da evolução ou é a psicologia evolutiva que está sendo usada para justificar e universalizar o neoliberalismo como nossa verdade genética última?

Contudo, o mais curioso nessa generalização ideológica é que uma genética desse tipo – elevada à condição de uma máquina que tem intenções desconhecidas da consciência individual, capaz de veicular interesses desconhecidos dos agentes sobre os quais incide, que explica quase tudo e especialmente nossas relações amorosas e emoções, que apela para a demonstração futura das hipóteses levantadas – assemelha-se em tudo ao inconsciente. Não ao inconsciente freudiano, mas à sua popularização discursiva, que foi tão pujante justamente antes da entrada do neoliberalismo em cena. Freud chamaria essa forma pré-psicanalítica de inconsciente de "inconsciência" ou "inconsciente descritivo", bem exemplificado aqui: "Os humanos pensam, decidem e escolhem, resolvem problemas e pesam custos e benefícios da mesma forma que suas glândulas sudoríparas controlam a regulação térmica: sem precisar estar conscientes do processo" (p. 63).

Isso explicaria, aliás, por que tal psicologia evolutiva precisa derrogar a psicanálise. Afinal, Freud, leitor de Darwin, formado na biologia evolucionista de Ernst Haeckel e Ernst Wilhelm von Brücke, atravessado por teses sobre a vida e sua seleção natural, teve de ser evacuado das ciências para que essa nova ciência psicológica emergisse. Ou seja, nos dois casos, tanto o da psicanálise como teoria social generalizada quanto o da psicologia da evolução, sofremos com uma espécie de excesso de inconsciente, e não com a sua ausência. Esse inconsciente subterrâneo, arquivo morto infinito de comportamentos e conteúdos históricos, foi justamente o objeto da crítica de Lacan. Ou seja, o excesso de inconsciente na ideologia do neoliberalismo tem por condição que se exclua justamente o conceito correto e rigoroso de inconsciente, assim como acontece com o uso da genética como força misteriosa que temos de aceitar, ainda que suas razões sejam opacas, que temos de utilizar, ainda que seus resultados sejam pífios – da mesma forma que a "mão invisível" de Adam Smith.

As políticas de austeridade, a redução do Estado, a financeirização da economia, a acumulação flexível, o endividamento generalizado, com o rígido controle contábil e monetário do governo, o egoísmo da luta de todos contra todos, tudo isso, que temos visto produzir mais pobreza e desigualdade social, deveria ser aceito porque não há alternativa aos olhos da ciência?

—

Os argumentos de McKinnon são de dois tipos, internos e externos à teoria da evolução. Como exemplos da aplicação redutiva da teoria genética ela traz a economia genética, a generalização neuroanatômica, a epigênese e processos de construção mental, ou seja, versões mais rigorosas que mostram como o gene se torna ativo e adquire toda sua valência e penetrância em relação com o ambiente. Respeitando distinções básicas, ela nos lembra que um gene não possui apenas um único efeito fenotípico (pleiotropismo). A diferença de apenas 1,6% entre o DNA humano e o de primatas superiores não é suficiente para explicar, nos termos unicistas da psicologia evolutiva, nem as diferenças físicas e comportamentais entre humanos e chimpanzés nem o grande número de módulos distintos em funcionalidade que são propostos pelos psicólogos evolucionistas. Ou seja, entre gene e comportamento, temos um intermediário chamado cérebro. Sua diversidade intraespecífica, sua reatividade ao contexto de desenvolvimento, sua plasticidade, sua diversidade entre os humanos o colocam a meio caminho entre as propriedades da natureza e os predicados da cultura. Ainda assim,

> Pinker argumenta que não só talentos e temperamentos em geral ("nossa facilidade com o idioma, nosso nível de religiosidade, o grau de nossas convicções liberais ou conservadoras"), mas também tipos de personalidade ("receptividade à experiência, conscienciosidade, extroversão-introversão, antagonismo-aquiescência, tendências neuróticas") e características altamente específicas ("dependência de nicotina ou álcool, o número de horas diante da televisão e a probabilidade de divorciar-se") são hereditários – isto é, estão codificados em nossos genes. (p. 55)

De fato, parece que voltamos a meados do século XIX, quando Bénédict-Augustin Morel, discípulo de Philippe Pinel, desenvolveu sua teoria psicopatológica da degenerescência. Segundo ele, as doenças mentais eram causadas pelos desvios recorrentes passados de geração em geração hereditariamente. Assim, digamos, um alcoolista transmitiria seus vícios ao filho, que se tornaria um perverso e, por sua vez, faria da própria filha uma histérica. A teoria da degenerescência parte da "*core mindset*" de que, para os homens, tais desvios implicariam uma dispersão aleatória de seus genes acrescida do ciúme possessivo e, para as mulheres, a preservação da prole, portanto a escolha de um parceiro protetor. A confirmação proposta para tal postulado se baseia, porém, em equívocos básicos na interpretação de dados estatísticos, por exemplo:

> "Das mulheres do grupo de controle, 10% responderam que haviam tido um caso extraconjugal; 23% das mulheres espancadas disseram que haviam traído o marido; e 47% daquelas que foram espancadas e estupradas confessaram haver cometido adultério. Essas estatísticas revelam que a infidelidade feminina precede o comportamento violento nos homens." O fato de o ciúme violento ter se manifestado mesmo quando a *maioria* das mulheres – 77% das mulheres espancadas e 53% das mulheres espancadas e estupradas – *não haviam cometido adultério* não parece ser levado em conta. (p. 61)

É assim que a nova psicologia da evolução depende de um triplo paradoxo: cria escolhas que não são escolhas, postula indivíduos que não são indivíduos e imagina efeitos culturais que são independentes da cultura. Os psicólogos evolucionistas não são capazes de explicar por que indivíduos se desviam na expressão de uma norma cultural específica nem por que há tantas respostas possíveis para o mesmo ato – ou seja, a sexualidade extraconjugal da esposa.

Outro aspecto neoliberal da psicologia que se apropria da autoridade da genética evolutiva contemporânea é a crença em uma teoria da mente que estipula mecanismos psicológicos carregados de conteúdos específicos, distribuídos em funções determinadas e disposições claramente verificáveis no mundo "atual" e seus códigos semânticos e ideológicos, em detrimento de uma teoria que reconheça capacidades mentais generalizadas, que poderiam ser apropriadas por universos antropologicamente diversos e variáveis. Isso concorre para uma tese que é abertamente antidarwiniana, para qualquer um que considere o contexto de evolução da espécie humana e as repetidas tentativas de explicar a natureza coletiva ou social das diferentes formas de vida humanas. Esse individualismo genético, hobbesiano, que reduz as relações sociais e o comportamento a produtos da competição egoísta entre indivíduos, contraria tudo o que se possa extrair da pena de Darwin e de seus leitores rigorosos. A ideia de que o "bem comum" deve ser substituído pela responsabilidade individual e os serviços públicos devem ser privatizados; o lucro e o capital devem ser maximizados através da desregulamentação dos mercados. Como se a competição devesse seguir seu curso sem restrições, em um "nivelamento por baixo", não importa quais sejam as consequências sociais, pois dessa forma estaríamos seguindo a natureza das coisas. A ideia é tola e não resiste a uma análise empírica básica; diz Marshall Sahlins, citado neste livro:

> Considerada a patrilinearidade, por exemplo, e um número igual de nascimentos masculinos e femininos, metade dos membros de cada geração estarão perdidos em termos de linhagem, já que filhas e filhos de mulheres serão membros da linhagem de seus maridos. [...] ao chegar à terceira geração, o grupo consiste apenas de ¼ de parentes genealógicos do ancestral, e, na quinta geração, de $1/16$, e assim por diante. E, ainda que os descendentes da quinta geração na linha paternal possam ter um coeficiente de relacionamento de $1/256$, todos têm parentes em outras linha-

gens – os filhos da irmã, os irmãos da mãe, as irmãs da mãe – cujo coeficiente r é igual ou inferior a ¼. (p. 80)

Ou seja, o "natural" – se é que se pode dizer algo "in bruto" sobre e a partir dessa expressão – é a tendência de ligação ao outro, a fascinação com a imagem do semelhante, a dependência primária em relação aos nossos cuidadores. A lógica do compartilhamento da alimentação seria uma maneira de transformar pessoas estranhas em nossos parentes. Com tantas culturas que associam o parentesco com a guerra, com a aliança e com a alimentação, o parentesco como uma sobreposição de relações consanguíneas é uma ficção pseudocientífica.

"[...] É *este* trabalho – o trabalho de ser aparentado –, e não o trabalho de dar à luz ou o 'fato' da substância compartilhada, que distingue a esfera do parentesco da potencial infinitude do universo de parentes que podem ou não ser aceitos." Bodenhorn afirma que "é de formas bastante curiosas, portanto, que o 'trabalho' faz para o parentesco Iñupiat o que a 'biologia' faz para muitos outros sistemas". (p. 83–84)

O que torna o parentesco verdadeiro é o seu "fazer", e não a existência de laços genéticos. O que os psicólogos evolucionistas fizeram foi reduzir um sistema mediado por conteúdos simbólicos e culturais àquilo que consideram ser um sistema natural e sem mediação pela cultura. A lógica da maximização genética é, no fundo, um transplante da genética neoliberal para a antropologia.

A história do geneticismo ideológico pode ser novamente comparada com a da ideologia freudiana, se pensarmos que nos dois casos o mesmo antropólogo foi mobilizado para desmontar o argumento da universalidade sanguínea do parentesco: Bronislaw Malinowski.

> Malinowski conta que [nas ilhas Trobriand], desde muito jovens, as crianças interagiam em todos os tipos de jogo sexual, no que se incluíam tentativas de imitação do intercurso sexual, que eram vistas por seus pais como algo engraçado. Depois da puberdade, as ligações sexuais se tornavam mais sérias e estáveis (ainda que não totalmente exclusivas), e casas especiais eram construídas para que vários casais jovens tivessem seus espaços privados para dormir e nos quais estavam autorizados a desenvolver suas relações sexuais. Ao contrário das convenções ocidentais, a prática de relações sexuais entre parceiros não casados era algo esperado nas ilhas Trobriand, ainda que o ato de comer juntos fosse absolutamente proibido. Mesmo que os jovens pudessem ter um dado número de diferentes parceiros antes do casamento, com o tempo a relação com um único parceiro amadurecia em um vínculo duradouro que resultava no casamento. Em acréscimo às oportunidades para a prática de relações sexuais asseguradas pela existência das casas especiais dedicadas a parceiros não casados, havia uma série de ocasiões em que as relações sexuais pré e extraconjugais podiam ser buscadas. Com frequência, as relações sexuais resultavam do caráter erótico de desfiles sociais (*karibom*) e de danças que aconteciam nos festivais de colheita (*milamala*) e nas distribuições cerimoniais de comida (*kayasa*). (pp. 133-34)

Muitas sociedades toleram a existência prática de vários maridos e várias esposas. No fundo, o etnocentrismo disfarçado nas análises dos psicólogos evolucionistas são apenas generalizações das categorias culturais do próprio pesquisador disfarçadas. Como afirma Marilyn Strathern, também citada por McKinnon (p. 196): a cultura consiste "na forma como analogias são estabelecidas entre coisas, na forma como alguns pensamentos são usados para pensar outros". Assim como a crítica de Malinowski a Freud serviu para organizar a resposta psicanalítica, conduzida pelo antropólogo Géza Róheim, e posteriormente a refação do argumento por Lévi-Strauss. Ou seja, a incorporação crítica de contraevidências parece ser o que move a ciência, e não a generalização imprudente de conceitos, ainda que estes rendam deformações e sobrevivam a elas.

CHRISTIAN INGO LENZ DUNKER nasceu em São Paulo em 1966. É psicanalista e professor titular da Universidade de São Paulo (USP). Livre-docente em psicopatologia e psicanálise pela USP e pós-doutor pela Manchester Metropolitan University, coordena o Laboratório de Teoria Social, Filosofia e Psicanálise da USP. Duas vezes vencedor do prêmio Jabuti, mantém um canal no YouTube e colabora frequentemente para diversos veículos de comunicação.

INTRODUÇÃO

Em uma época em que as políticas divisionistas pautadas pelos "valores da família" criaram rachaduras que ameaçam despedaçar os Estados Unidos, os psicólogos evolucionistas nos dizem ter encontrado a única explicação de que precisamos para compreender qual é o valor da família. Nestes tempos em que ideias sobre sexo e gênero mudam em alta velocidade e são profundamente questionadas ao redor do globo, os psicólogos evolucionistas nos contam uma história sobre como diferenças de gênero se consolidaram para sempre nas profundezas da história evolutiva e genética da humanidade. Num momento em que os princípios pelos quais os humanos pretendem organizar a sociedade estão em disputa, os psicólogos evolucionistas reduzem as relações sociais a um reflexo de automaximização genética guiado pelas forças da seleção natural. Em um período em que a economia neoliberal anglo-estadunidense domina e ao mesmo tempo provoca tamanhos ressentimento e resistência em grande parte do mundo, os psicólogos evolucionistas nos fornecem uma teoria da evolução que naturaliza os valores neoliberais. Em resumo, na contramão de uma época em que há urgência por uma compreensão mais nuançada das complexidades e das variedades da vida social, os psicólogos evolucionistas nos oferecem mitos e fábulas marcados por um reducionismo de causar espanto.

  A psicologia evolucionista é uma dessas raras empreitadas acadêmicas que não só ultrapassam fronteiras entre áreas de estudo como também desmantelam por completo os limites da academia para invadir a mídia em geral. Valendo-se de áreas como biologia evolutiva, psicologia cognitiva e experimental, teorias da computação e dos jogos e antropologia, essa disciplina se desenvolveu de início como uma investigação acadêmica, principalmente dentro dos departamentos de psicologia. Seus defensores mais notáveis incluem, dentre outros, John Tooby e Leda Cosmides, os codiretores do Centro de Psicologia Evolucionista [Center for Evolutionary Psychology] da Universidade da Califórnia em Santa Bárbara; Martin Daly e Margo Wilson, que juntos tocam um laboratório no departamento de psicologia da Universidade McMaster, em Toronto; Steven Pinker, professor da cátedra Johnstone Family de psicologia na Universidade de Harvard; David Buss, do departamento de psicologia da Universidade do Texas; e o jornalista Robert Wright.

Contudo, e talvez porque as visões sobre a psicologia evolucionista reflitam pressupostos que nos são familiares, a noção de que nosso comportamento é guiado por mecanismos psicológicos que possuem raízes evolutivas e genéticas profundas logo se tornou parte das explicações emanadas de uma série de áreas diferentes do conhecimento. Paisagistas falam sobre as estruturas profundas de "perspectiva e refúgio"[1] que surgiram no ambiente primordial da savana e que são responsáveis pela apreciação que dedicamos ao paisagismo contemporâneo. O novo campo de estudos da economia evolucionária, nos conta David Wheeler, está organizado pelo pressuposto de que "muito

---

1   Sobre o uso da psicologia evolucionista no paisagismo: Reuben Rainey, professor da cátedra William Stone Weedon em arquitetura asiática, departamento de paisagismo da Escola de Arquitetura da Universidade da Virgínia (em comunicação pessoal).

do comportamento econômico pode ser resultado dos instintos biológicos de cooperação, de troca e de barganha, além da predisposição a punir trapaceiros".[2] Kent Bailey e Helen Wood relatam uma nova forma de psicoterapia, chamada psicoterapia do parentesco evolucionista, que envolve "primeiro reconhecer os vários estresses de inadequação por que o cliente está passando (ou seja, as disparidades entre as circunstâncias em que viviam os humanos ancestrais e aquelas em que vivem os modernos) e, então, ajudá-lo com gentileza e compaixão a primeiro entender o problema e, depois, fazer os ajustes apropriados"[3] – ajustes estes voltados a realinhar as circunstâncias atuais de vida com supostos padrões ancestrais. Para os sociobiólogos jurídicos, segundo Herma Kay, "diferenças comportamentais ligadas ao sexo e fundadas na biologia podem e devem ser utilizadas como base para critérios legais que deem sustentação à divisão tradicional de funções de acordo com o sexo".[4] E juristas e acadêmicos do direito proeminentes, como Richard Posner,[5] usam as

---

2   David Wheeler, "Evolutionary Economics". *The Chronicle of Higher Education*, 5 jul. 1996, A8; ver também Geoffrey M. Hodgson, *Economics and Biology*. Brookfield: Edward Elgar Publishing Company, 1995; e Peter Koslowski (org.), *Sociobiology and Bioeconomics: The Theory of Evolution in Biological and Economic Theory*. Berlin: Springer, 1999.
3   Kent G. Bailey e Helen E. Wood, "Evolutionary Kinship Therapy: Basic Principles and Treatment Implications". *British Journal of Medical Psychology*, v. 71, 1998, p. 518.
4   Herma Hill Kay, "Perspectives on Sociobiology, Feminism, and the Law", in Deborah L. Rhode (org.), *Theoretical Perspectives on Sexual Differences*. New York: Yale University Press, 1990, p. 78.
5   Cf., por exemplo, Richard A. Posner, *Sex and Reason*. Cambridge: Harvard University Press, 1992; e R. A. Posner e Eric A. Posner, "The Demand for Cloning", in Martha C. Nussbaum e Cass R. Sunstein (orgs.), *Clones and Clones: Facts and Fantasies about Human Cloning*. New York: W. W. Norton, 1998.

ideias da psicologia evolucionista para analisar assuntos ligados ao sexo, ao gênero e às relações familiares.

Apesar da atração palpável e generalizada causada por essas ideias, este texto mostrará por que, sob uma perspectiva antropológica, os psicólogos evolucionistas estão errados quanto à evolução, quanto à psicologia e quanto à cultura. Vou expor cinco argumentos básicos. Defendo que as teorias da mente e da cultura por eles formuladas não dão conta nem da origem ou da história evolutiva, nem das variações e da diversidade contemporânea de organizações e de comportamentos sociais. Mais especificamente, demonstro que os pressupostos sobre genética e gênero subjacentes à teoria que postula a existência de mecanismos psicológicos universais não estão respaldados nas evidências empíricas encontradas nos registros antropológicos. Defendo que não só as premissas mas também as evidências utilizadas estão fundamentalmente viciadas de tal forma que a ciência defendida pelos psicólogos evolucionistas, no fim das contas, não passa de uma ficção. Essa ficção, no meu entendimento, foi criada a partir da falsa suposição de que seus próprios valores culturais são tanto de origem natural como de natureza universal. E, por último, observo que essa naturalização dos valores predominantes de uma cultura tem como efeito a marginalização de outros valores culturais e a supressão de uma grande variedade de potencialidades humanas passadas, presentes e futuras.

TEORIAS DA MENTE EM CONTRAPOSIÇÃO

O que está em jogo de forma mais fundamental nos debates que circundam a psicologia evolucionista é a forma como podemos pensar sobre a natureza e os processos da mente e da cultura humanas. A teoria da mente – e, logo, a teoria da cultura – a que os psicólogos evolucionistas aderem se contrapõe de modo frontal à teoria aceita pela maior parte dos antropólogos culturais. A diferença não está em saber se parte da vida mental é de base orgânica ou se há uma relação interativa e complexa de desenvolvimento entre o organismo e o ambiente. Em vez disso, como o comentário de Ted Benton indica, o que está em discussão é "quanto há de 'arquitetura' herdada na mente humana" e "se processos socioculturais são entendidos como independentes ou como redutíveis a mecanismos psicológicos herdados"-[6] e, por sua vez, aos princípios da maximização genética.

Segundo a teoria da mente desenvolvida pelos psicólogos evolucionistas, a mente humana funciona através de uma constelação de mecanismos psicológicos desenvolvidos no ambiente de adaptação evolutiva do Pleistoceno. Como resposta a problemas específicos de adaptação vividos por nossos primeiros ancestrais, esses mecanismos forneceram instruções robustas e intricadas para formas particulares de comportamento social entendidas como inatas e universais. Ainda que reconheçam a diversidade cultural, os psicólogos evolucionistas também sustentam que a verdadeira causa para o comportamento humano e para as formações culturais é resultado da lógica adaptativa da seleção natural, que por sua vez é guiada por esforços obstinados em favor da maximização do sucesso reprodutivo do indivíduo. Se esses mecanismos inatos dão forma ao comportamento humano, então os padrões culturais são apenas um acessório superficial para uma

---

6 Ted Benton, "Social Causes and Natural Relations", in Hilary Rose e Steven Rose (orgs.), *Alas, Poor Darwin: Arguments against Evolutionary Psychology*. New York: Harmony Books, 2000, pp. 266-67.

base, de resto, predeterminada. Assim, para a psicologia evolucionista, ideias, crenças e valores culturais são epifenômicos, dependentes das e redutíveis às "verdadeiras" determinantes genéticas do comportamento. O projeto dos psicólogos evolucionistas consiste em delinear aquilo a que Wilson e Daly chamam "a mentalidade central" [*core mindset*][7] e que, segundo os autores, seria subjacente à diversidade aparente da cultura humana.

Por outro lado, de acordo com a teoria adotada pela maioria dos antropólogos culturais, a mente é definida não por mecanismos funcionalmente específicos e capazes de resolver problemas de adaptação determinados, mas por mecanismos gerais que permitem que o cérebro funcione como uma ferramenta flexível.[8] São esses mecanismos gerais que fazem com que os humanos consigam resolver uma grande quantidade de problemas em diferentes contextos e com que aprendam e criem formas e comportamentos culturais variados. Na verdade, segundo os antropólogos, os ambientes diversificados e instáveis em que a evolução humana transcorreu teriam favorecido mecanismos gerais que deram vazão a programações abertas de comportamento e de cognição – precisamente o oposto dos módulos de funções específicas propostos pela psicologia evo-

---

7   Margo Wilson e Martin Daly, "The Man Who Mistook His Wife for a Chattel", in Jerome H. Barkow et al. (orgs.), *The Adapted Mind: Evolutionary Psychology and the Generation of Culture*. New York: Oxford University Press, 1992, p. 291.
8   Para argumentos relacionados à flexibilidade do cérebro, ver H. Rose e S. Rose (orgs.), *Alas, Poor Darwin*, op. cit., e Kathleen R. Gibson, "Epigenesis, Brain Plasticity, and Behavioral Versatility: Alternatives to Standard Evolutionary Psychology Models", in Susan McKinnon e Sydel Silverman (orgs.), *Complexities: Beyond Nature and Nurture*. Chicago: University of Chicago Press, 2005, pp. 23-42.

lucionista. Como veremos mais adiante, as investigações sobre cérebros humanos e de outros mamíferos e as pesquisas levadas a cabo pela psicologia do desenvolvimento dão apoio à noção do cérebro como um dispositivo para aprendizagem generalizada e solução de problemas – um dispositivo que permite a criação de mundos culturais não redutíveis a uma lógica singular e, menos ainda, a uma lógica de proliferação genética. Para uma teoria sobre as capacidades mentais humanas como essa, a cultura não pode ser nem epifenomênica nem redutível a determinantes genéticas ou à lógica da seleção natural. Pelo contrário, a cultura consiste em um referencial conceitual através do qual as pessoas tomam decisões importantes, compreendem o mundo, nele agem e provocam transformações.

O CÁLCULO DA GENÉTICA E DO GÊNERO

Como a teoria dos psicólogos evolucionistas sobre o comportamento humano privilegia uma causalidade última que depende da genética e da seleção natural, ideias sobre reprodução, sexualidade, gênero, casamento e família são essenciais. Duas afirmações fornecem o enquadramento para as histórias por eles contadas. Primeiro, os psicólogos evolucionistas afirmam que as relações de parentesco – todas as relações sociais, na verdade – são resultado de cálculos genéticos. Ou seja, são resultado de cálculos feitos por indivíduos a respeito da proximidade genética e da utilidade de comportamentos específicos para a maximização de determinado legado genético individual.

Dentro do cálculo genético mais geral das relações sociais, os psicólogos evolucionistas postulam um segundo cálculo, mais específico, de gênero. Diferenças fundamentais nas estratégias reprodutivas de homens e de mulheres, afirmam eles, resultam necessariamente de uma assimetria biológica quanto aos respectivos investimentos parentais masculinos e femininos. Presume-se, desse modo, que homens e mulheres enfrentam problemas adaptativos diferentes quando buscam maximizar seu sucesso reprodutivo. Os psicólogos evolucionistas defendem que, diante de seus investimentos reprodutivos de relativo longo prazo, as fêmeas ancestrais se viram confrontadas com o problema da garantia de recursos para o sustento da prole. Por outro lado, diante de seus investimentos reprodutivos de relativo curto prazo, os machos se viram confrontados pelo problema do acesso à maior quantidade possível de fêmeas.

Os psicólogos evolucionistas postulam um conjunto de mecanismos psicológicos distintos, diferenciados por gênero e altamente específicos que, segundo eles, se desenvolveu em resposta a esses problemas do ambiente original de adaptação evolutiva. A natureza exata desse ambiente nunca é especificada, mas é aceita em geral como algo parecido com a savana africana durante o Pleistoceno. Assim, homens desenvolveram mecanismos de preferência por características que são supostos indicativos do valor reprodutivo feminino (como juventude, beleza e forma curvilínea), enquanto mulheres desenvolveram mecanismos de preferência por características que seriam indicativos do potencial masculino para prover recursos (como status, ambição e engenhosidade). Ainda que não haja evidências de que tais qualidades tenham sido valorizadas no Pleistoceno, considera-se que esses mecanismos de preferência tenham evoluído através da seleção natural e estimulado – através da seleção sexual – a evolução das qualidades desejadas no sexo oposto. Os mecanismos de preferência e as qualidades de gênero daí resultantes constituiriam então os atributos psicológicos que, inalterados por milênios, seriam inatos e transmitidos pelos genes. Dessa forma, os psicólogos evolucionistas contam uma história muito particular sobre a natureza, as origens e a universalidade das categorias sociais – em especial aquelas ligadas ao sexo, ao gênero, à família e ao casamento. Uma história sobre o passado que repercute em como pensamos as possibilidades presentes e futuras para as relações humanas.

A CIÊNCIA E A POLÍTICA DA NATURALIZAÇÃO

Independentemente de qualquer afirmação que possa ser feita sobre as ciências exatas, as ciências humanas estão, graças a seu objeto, inevitavelmente envolvidas em debates sobre a natureza das categorias sociais – e a discussão a respeito das ideias dos psicólogos evolucionistas sobre a natureza do sexo, do gênero e das relações de parentesco é só a última de uma longa série. De um lado, as ciências humanas têm uma vasta história de naturalização de categorias e hierarquias sociais particulares – ou seja, de afirmar que categorias sociais específicas e hierarquias a elas associadas (gênero, por exemplo, ou raça) têm fundamento na natureza e, portanto, são imutáveis.[9] A forma de medição

---

[9] Dentre os muitos trabalhos que abordaram como a ciência contribuiu para a naturalização de categorias sociais como raça e gênero, cf. Stephen Jay Gould, "Women's Brains", in *The Panda's Thumb: More Reflections in Natural History*. New York: W. W. Norton, 1980; id., *The Mismeasure of Man*. New York: W. W. Norton, 1981; Sandra Harding (org.), *The "Racial" Economy of Science: Toward a Democratic Future*. Bloomington: Indiana University Press, 1993; Londa Schiebinger, *Nature's Body: Gender in the Making of Modern Science*. Boston: Beacon

da diferença natural pode ser o tamanho do cérebro, o formato do esqueleto ou a cor da pele; ela pode estar nos humores, nos hormônios ou no quociente intelectual. Mais recentemente, tem sido genética. Os termos e as medidas podem mudar ao longo do tempo, mas o processo de naturalização continua o mesmo.

De outro lado, as incursões das ciências humanas também tiveram o efeito de desnaturalizar categorias e hierarquias sociais – ao revelar, por exemplo, que o cérebro da mulher não é nem controlado por seu útero nem limitado em sua capacidade por seu tamanho; ao descobrir que a raça é uma categoria social, e não biológica; ao entender que o QI é resultado do capital social tanto quanto (senão mais do que) de heranças genéticas inatas; ao compreender a diferença entre potencial genético e determinismo genético; ao investigar as implicações das estruturas sociais, políticas e econômicas em padrões de saúde, doença, reprodução e morte; e assim por diante.[10]

Press, 1993; e Carol Travis, *The Mismeasure of Woman*. New York: Simon and Schuster, 1992.

10 Para obras de cientistas e de outros estudiosos que contribuíram para a desnaturalização de categorias sociais como raça e gênero, cf., dentre muitos outros, S. Harding e Jean E. O'Barr (orgs.), *Sex and Scientific Inquiry*. Chicago: University of Chicago Press, 1975; S. J. Gould, "Biological Potentiality vs. Biological Determinism", in *Ever Since Darwin: Reflections in Natural History*. New York: W. W. Norton, 1977; Richard C. Lewontin, S. Rose e Leon J. Kamin, *Not in Our Genes: Biology, Ideology, and Human Nature*. New York: Pantheon Books, 1984; Anne Fausto-Sterling, *Myths of Gender: Biological Theories about Women and Men*. New York: Basic Books, 1993, e *Sexing the Body: Gender Politics and the Construction of Sexuality*. New York: Basic Books, 2000; Ruth Hubbard e Elijah Wald, *Exploding the Gene Myth*. Boston: Beacon Press, 1999; e Dorothy Nelkin e M. Susan Lindee, *The DNA Mystique: The Gene as a Cultural Icon*. New York: W. H. Freeman and Company, 1995.

A antropologia já participou com frequência do processo de naturalização de categorias e hierarquias sociais. Ela teve sua contribuição na medição de crânios e de cérebros; criou sua quota de categorias raciais; elaborou suas próprias narrativas evolutivas que dividiram povos entre "selvagens" e "civilizados". Do mesmo modo – se é que não de forma mais contundente e inevitável –, foi parte do processo de desnaturalização de categorias e hierarquias sociais. Ao levar a sério a variação biológica, a antropologia desmantelou as categorizações biológicas de raça. Ao levar a sério as variações linguísticas, demonstrou o fundamento simbólico que perpassa todas as linguagens e formas de pensamento humanas. Ao levar a sério categorias sociais como parentesco, sexualidade e gênero, demonstrou sua variabilidade e sua "natureza" simbólica, e não apenas biológica. Ao rastrear mudanças na forma e no sentido das relações e hierarquias sociais tanto transculturalmente como ao longo do tempo, desenvolveu uma percepção aguçada da transitoriedade dos arranjos sociais humanos. E essa percepção, quando entendida de modo adequado, inevitavelmente desfaz os nós fatalistas que unem as relações sociais em formas aparentemente fixas. A antropologia afirma que as coisas sempre podem ser – e muitas vezes são – diferentes.[11]

---

11 Muitas obras da antropologia contribuíram para a desnaturalização das categorias sociais e linguísticas. Cf., por exemplo, Franz Boas, introdução a *Handbook of American Indian Language* [1911]. Lincoln: University of Nebraska Press, 1996; id., *Race, Language and Culture*. New York: The Free Press, 1940; Edward Sapir, *Language: An Introduction to the Study of Speech* [1921]. New York: Harcourt, Brace, and World, 1949; Marilyn Strathern e Carol P. MacCormack (orgs.), *Nature, Culture, and Gender*. Cambridge: Cambridge University Press, 1980; Jane Collier e Sylvia Yanagisako (orgs.), *Gender and Kinship: Essays toward*

Neste livro, analiso um exemplo específico dessa tensão entre discursos de naturalização e de desnaturalização ao voltar minha atenção para a psicologia evolucionista. De um lado, defendo que a psicologia evolucionista não passa da mais recente de uma longa linha de narrativas científicas reducionistas que naturalizam categorias e hierarquias sociais – em particular, aquelas ligadas ao sexo, ao gênero e ao parentesco. De outro, procuro estabelecer um diálogo entre essas narrativas e o ímpeto desnaturalizante da antropologia cultural estadunidense, que, desde os tempos de Franz Boas e de seus estudantes, vem se empenhando em reconhecer a integridade dos entendimentos culturais alternativos sobre o mundo e, em particular, sobre as relações de sexo, gênero e parentesco.

AS VERDADES AMARGAS DA CIÊNCIA

Os psicólogos evolucionistas se consideram uma minoria sob ataque. Em uma linguagem que reverbera aquela da direita conservadora, eles se enxergam como vítimas daquilo que o professor de Harvard Steven Pinker chama de um "establishment" da

> *a Unified Analysis*. Stanford: Stanford University Press, 1987; Jonathan Marks, *Human Biodiversity: Genes, Race, and History*. New York: Aldine de Gruyter, 1995; S. Yanagisako e Carol Delaney (orgs.), *Naturalizing Power: Essays in Feminist Cultural Analysis*. New York: Routledge, 1995; William A. Foley, *Anthropological Linguistics: An Introduction*. Cambridge: Blackwell, 1997; Alan Goodman e Thomas L. Leatherman (orgs.), *Building a New Biocultural Synthesis: Political-Economic Perspectives on Human Biology*. Ann Arbor: University of Michigan Press, 1998; e S. McKinnon e S. Silverman (org.), *Complexities*, op. cit.

"elite" de "intelectuais".¹² A psicologia evolucionista é que é ciência "de verdade" e, ao que parece, a única ciência humana real e capaz de lidar sobriamente com as verdades óbvias e amargas da condição humana. Pinker contrapõe os psicólogos evolucionistas a seus oponentes, a quem caricatura como "cientistas radicais" que são "enviesados pela política" ou "românticos" agrilhoados a um "moralismo alentador". Ou, de modo alternativo, considera-os parecidos com os fanáticos religiosos cujas perspectivas sobre a "santíssima trindade" são meras reiterações da "ortodoxia", da "doutrina" e de "mantras". Ou, ainda, caracteriza-os simplesmente como lunáticos cuja compreensão do mundo não passa de "ilusão", de "loucura" e de "bobagem romântica"[13].

Argumentarei a seguir que a psicologia evolucionista é uma ciência malfeita. Mas defendo isso não por acreditar que, ao contrário das ciências "malfeitas", as ciências "bem-feitas" não são afetadas por conteúdos culturais. O que afirmarei é que a razão para isso está no fato de que os psicólogos evolucionistas não estão dispostos a colocar em risco suas premissas e categorias analíticas básicas através da confrontação de evidências em sentido contrário. De fato, o que eles vêm fazendo é o oposto. Os psicólogos evolucionistas supõem que suas próprias categorias e perspectivas são de natureza universal – e, ao fazê-lo, na prática ignoram e descartam evidências que teriam refutado suas teorias.

---

12 Cf. Steven Pinker, *Como a mente funciona* [1997], trad. Laura Teixeira Motta. São Paulo: Companhia das Letras, 2001, pp. 454, 460, 517, 527, 547, 575.
13 Ver S. Pinker, *Como a mente funciona*, op. cit., pp. 58, 517, 535; id., *Tábula rasa: a negação contemporânea da natureza humana* [2002], trad. Laura Teixeira Motta. São Paulo: Companhia das Letras, 2004, pp. 162, 173-92, 224, 455, 487, 489.

Assim, pretendo explorar as formas pelas quais ideias e práticas culturais dominantes vêm sendo inscritas na infraestrutura da psicologia evolucionista. Como foi possível que uma moralidade vitoriana reprimida quanto às relações de sexo, gênero e família tenha se unido a uma ideologia econômica neoliberal e transformado a teoria da evolução e da seleção natural naquilo que chamo de genética neoliberal? Pretendo investigar como essas ideias histórica e culturalmente específicas são transformadas, de forma retórica, em universais transculturais e a-históricos. E pretendo examinar como tais ideias próprias a uma cultura, uma vez naturalizadas nas profundezas da história genética e evolutiva, produzem como resultado o favorecimento e a validação de certas ideias culturais e arranjos sociais em detrimento de outros. E, por fim, pretendo refletir sobre como essa forma de naturalização inevitavelmente exerce – de modo intencional ou não – uma força prescritiva e moral.

O percurso dessas explorações seguirá várias rotas. Analisarei as estruturas e estratégias retóricas dos textos da psicologia evolucionista a fim de compreender os pressupostos, as analogias e as estruturas narrativas que, juntos, levam à naturalização e à universalização de um conjunto de entendimentos culturalmente específicos do mundo. Avaliarei as formas e a qualidade das evidências apresentadas – inclusive o que os psicólogos evolucionistas consideram ou não evidência, assim como as ocasiões em que interpretam mal as evidências ou as substituem por conjecturas, e assim por diante. E, mais importante, mostrarei que, quando em contraste com os entendimentos de pessoas de outras culturas que pensam sobre essas relações e as vivem de maneiras bastante diferentes, aquilo que para os psicólogos evolucionistas são aspectos universais do sexo, do gênero e da família se revelam, na verdade, convenções euro-estadunidenses dominantes. Não é preciso aceitar como suas as verdades de outras pessoas para compreender os efeitos que elas produzem na organização das formas de relação social – incluindo aquelas que se referem a diferentes aptidões reprodutivas – de maneiras que conflitam com as "verdades" dos psicólogos evolucionistas. A diferença entre as posições dos psicólogos evolucionistas e as da maior parte dos antropólogos culturais está na atribuição de uma integridade e uma eficácia próprias a outras ideias e práticas culturais, no caso destes, ou, no caso daqueles, na redução dessas diferenças a uma suposta lógica fundamental e universal que, no fim, se caracteriza como um reflexo de ideias e valores euro-estadunidenses historicamente específicos.

1
MENTE E CULTURA

Uma premissa central da teoria evolutiva clássica é a de que a seleção natural *não tem* a ver com decisões inteligentes e dotadas de propósitos. E, uma vez que o cérebro humano evoluído é estruturado de modo a permitir a flexibilidade de adaptações a ambientes múltiplos e variáveis, uma premissa central da antropologia tem sido a de que os humanos *têm* a capacidade de tomar decisões inteligentes e dotadas de propósitos – ou seja, são capazes de criar ordens culturais variadas e de transmiti-las por meio do aprendizado, de modo que essas ordens venham a moldar as formas pelas quais o mundo é compreendido, experimentado e transformado.

Os psicólogos evolucionistas inverteram essa premissa: eles atribuem agência intelectual ativa aos genes e à seleção natural ao mesmo tempo que consideram os humanos apenas implementadores de uma agência que não lhes pertence e de uma lógica de cuja existência não precisam estar cientes – na verdade, de uma lógica da qual nem sequer teriam consciência. Assim, presume-se que a agência dos genes e da seleção natural se manifesta na mente humana como um conjunto de mecanismos psicológicos evoluídos inatos que fornecem instruções detalhadas para unidades específicas de comportamento de gênero cujas metas são sempre entendidas como a maximização do interesse genético individual.

Na medida em que o intelecto e a agência humanos passam a ser atribuídos à seleção natural e a seus veículos genéticos, a cultura é reduzida a mero efeito superestrutural de uma realidade biológica mais fundamental. Esse deslocamento é essencial para o caráter redutivo e fundamentalista da psicologia evolucionista. Por isso, analisarei nos próximos parágrafos as estratégias retóricas por meio das quais essa transposição é efetuada, considerarei de que modo os psicólogos evolucionistas caracterizam a seleção natural, os genes, a mente humana e a cultura e avaliarei as consequências daí decorrentes para uma teoria da mente e da cultura.

SELEÇÃO NATURAL COMO TITEREIRA, LEGISLADORA E PROGRAMADORA

Os psicólogos evolucionistas atribuem à seleção natural as mesmas qualidades que foram atribuídas a deus como criador definitivo e fonte da ordem, dos desígnios, da verdade e dos propósitos universais – um gesto que resulta em uma convergência irônica com as ideias defendidas pelos proponentes contemporâneos do "design inteligente". Nas palavras de Robert Wright e Steven Pinker – talvez os principais responsáveis pela popularização da psicologia evolucionista –, a seleção natural é concebida como "titereira", "legisladora", "programadora cega" e designer que "projeta" organismos, órgãos mentais e adaptações cujo propósito é maximizar a proliferação dos genes. Como administradora por excelência da produtividade genética, a "seleção natural se encarrega do pensamento", tem "metas" e "estratégias", "faz valer sua vontade" e "executa suas políticas". A seleção natural possui tanto desejos quanto a força para realizá-los: ela "quer" e "consegue" que os humanos façam certas coisas – por exemplo, que sejam "bondosos com seus irmãos", mas apenas "*aparentem ser bondosos*" com amigos.¹ Os genes – a infantaria no campo de batalha do ambiente evolutivo – participam da agência criativa da seleção natural. Ainda que os psicólogos evolucionistas alertem para o fato de que o material genético não possui agência, é frequente que o retratem de modo contrário. Genes são "egoístas" ou "mercenários" e, assim como a seleção natural, "têm estratégias" e "objetivos" (geralmente, propagar a si mesmos). Com esse objetivo, competem, planejam, arquitetam e constroem organismos e órgãos mentais. Eles possuem perspectivas e "pontos de vista"; "querem" e "fazem valer sua vontade", "calculam", "controlam", "selecionam", "falam" conosco, "aconselham a submissão" e "se disseminam".²

Essa exuberância metafórica tem duas consequências. Em primeiro lugar, os psicólogos evolucionistas esvaziam a mente humana de todas as qualidades que em geral são associadas ao pensamento – tais como consciência, agência e criatividade. Em segundo lugar, transferem essas qualidades para os genes e para a seleção natural, apesar do fato evidente – e que também é uma premissa fundamental da biologia evolutiva – de que nem a tomada de decisões dotadas de um propósito nem a agência intelectual são qualidades atribuíveis à seleção natural ou aos genes. Como consequência, há uma separação radical entre a agência intelectual criativa das forças abstratas da seleção natural, de um lado, e a concretização mecânica e impen-

---

1   Cf. Robert Wright, *The Moral Animal: The New Science of Evolutionary Psychology*. New York: Vintage Books, 1994, pp. 37, 44, 52, 163, 175, 202, 211-12, 217, 240, 254, 256, 275, 308; e Steven Pinker, *Como a mente funciona*, op. cit., pp. 47, 54.

2   Cf. R. Wright, *The Moral Animal*, op. cit., pp. 88, 148, 158, 162, 168, 208, 239; e S. Pinker, *Como a mente funciona*, op. cit., pp. 55, 450.

sada, por humanos reduzidos a meros veículos, das "decisões" tomadas pela seleção natural, de outro. Como Robert Wright repete tantas vezes, "a seleção natural se encarrega de 'pensar'; nós, de fazer".[3]

O "ESTRATAGEMA DESCARADO" DA SELEÇÃO NATURAL

O que resta da consciência, da agência e da criatividade humanas, então, se tanto foi atribuído aos genes e à seleção natural? Assim como em outras teorias que postulam um motor primordial inconsciente, nas abordagens da psicologia evolucionista os humanos acabam como vítimas de uma falsa consciência. Pode até ser que tenham seus próprios jeitos de explicar como e por que são amorosos, ciumentos, tristes, motivados, traiçoeiros, criativos ou destrutivos. Mas não importa como as pessoas pensem sobre o que estão fazendo ou por que o fazem, a "realidade" é sempre diferente. Os psicólogos evolucionistas atribuem tanto a invenção das emoções humanas pela seleção natural quanto o papel dessas emoções na vida humana a uma causa última, inconsciente e invariável: a lógica egoísta da proliferação genética individual.[4] Como Wright ressalta, as emoções são "apenas as executoras da evolução" – são "representantes" de uma reali-

---

3   Ver R. Wright, *The Moral Animal*, op. cit., pp. 37, 217, 240.
4   Sobre a ideia de que as emoções foram inventadas pela seleção natural, ver ibid., p. 59; David M. Buss, "Love Acts: The Evolutionary Biology of Love", in Robert J. Sternberg e Michael L. Barnes (org.), *The Psychology of Love*. New Haven: Yale University Press, 1988; e S. Pinker, *Como a mente funciona*, op. cit.

dade mais profunda e da lógica "subterrânea" do cálculo genético.[5] As emoções são invenções genéticas a serviço da proliferação dos genes. Nas palavras de Pinker: "levando-nos a apreciar a vida, a saúde, o sexo, os amigos e filhos, os genes compram um bilhete de loteria para representação na geração seguinte, com chances que eram favoráveis no meio em que evoluímos. Nossos objetivos são subobjetivos do supremo objetivo dos genes, replicar-se".[6] Os psicólogos evolucionistas substituem o conteúdo de nossos objetivos, emoções e entendimentos conscientes por aquilo que dizem ser uma realidade mais profunda e mais autêntica que escapa à consciência de todos, exceto a deles mesmos.

Não só existiria uma realidade mais intrínseca por detrás de nossos objetivos, emoções e entendimentos conscientes, mas estes últimos teriam evoluído a fim de ocultar a natureza brutal, obstinadamente egoísta e calculista dessa verdade mais profunda. A seleção natural termina por ser vista como uma força tortuosa e dúbia que deu origem a uma consciência humana complexa e capaz de ponderações morais, pretensões ao livre-arbítrio, ao amor, à generosidade e a uma série de outras emoções humanas com o objetivo específico de esconder uma "realidade" subjacente de competição mesquinha e marcadamente amoral entre genes que procuram perpetuar a si mesmos. Segundo os psicólogos evolucionistas, enquanto os humanos supõem de modo ingênuo que sua vida seja guiada por princípios morais, por noções culturais e por convicções individuais, ela na verdade é moldada pela frieza do cálculo do interesse genético individual. De acordo com essa perspectiva, os códigos morais humanos são na realidade "um punhado de

---

5   Ver R. Wright, *The Moral Animal*, op. cit., pp. 88, 159, 254, 275.
6   S. Pinker, *Como a mente funciona*, op. cit., p. 55.

sofística geneticamente orquestrada"; o amor e a amizade não passam de "garantias de crédito", a solidariedade é "só uma recomendação de investimento bastante disfarçada"; a compaixão é apenas um outro nome para "nossa melhor forma de pechincha", e cuidar bem dos próprios filhos, no fim das contas, é uma forma muito perspicaz de organização de portfólio.[7] Com o cinismo carregado que é típico das ideias dos psicólogos evolucionistas, Wright sugere que essa habilidade de enfeitar o egoísmo grosseiro com as vestes da sociabilidade beneficente e das verdades morais superiores é o "estratagema descarado" da seleção natural.[8] A cultura, segundo essa abordagem, nada mais é do que um meio de nos enganarmos a nós mesmos a serviço da autopreservação genética.

MENTE COMO MECANISMO E MÓDULO

Qual é, então, a teoria da mente mais apropriada para uma narrativa em que consciência, agência e criatividade foram entregues à seleção natural e aos genes, enquanto os humanos foram transformados em ferramentas mecânicas para a realização de uma verdade definitiva de cuja existência não têm consciência? Qual teoria da mente poderia traduzir uma agência subjacente de competição genética em formas de socialidade humana – o "pensar" da seleção natural no "fazer" do comportamento humano? A mente adequada a essa tarefa não detém capacidades gerais, mas sim instruções específicas arquitetadas para

---

7   Ver R. Wright, *The Moral Animal*, op. cit., pp. 148, 205; e S. Pinker, *Como a mente funciona*, op. cit., pp. 474, 532-34.
8   Ibid., p. 212.

abordar determinados problemas; sua atividade não é consciente, mas inconsciente; e suas operações não são aprendidas através da cultura, mas programadas pelos genes.

Entre a "realidade" das estratégias usadas pelos genes para se reproduzirem e a concretude do comportamento humano, os psicólogos evolucionistas postulam a existência de "órgãos", "mecanismos" e "módulos mentais" que estão supostamente envolvidos nas respostas aos problemas adaptativos específicos encontrados por nossos ancestrais no ambiente pleistocênico da adaptação evolutiva. O desenvolvimento e a existência desses módulos são postulados pelos psicólogos evolucionistas através de um processo a que chamam de "engenharia reversa". Como Pinker explica, "na engenharia 'para a frente', projeta-se uma máquina para fazer alguma coisa; na engenharia reversa, descobre-se para que finalidade uma máquina foi projetada".[9] Para fazer a engenharia reversa daquilo que para eles é um mecanismo psicológico universal, os psicólogos evolucionistas procuram por razões pelas quais esse mecanismo teria solucionado um determinado problema adaptativo no ambiente ancestral. A fim de explicar as origens e a existência do mecanismo psicológico que supostamente faz com que, de modo universal, as mulheres prefiram homens que possuam acesso a recursos, por exemplo, David Buss e outros psicólogos evolucionistas sugerem que, "como carregavam o tremendo fardo da fertilização interna, de uma gestação de nove meses e da lactação, as mulheres ancestrais *teriam* se beneficiado enormemente da seleção de machos que possuíssem recursos. Essas preferências ajudaram nossas mães ancestrais a solucionar os problemas da sobrevivência e da

---

[9] S. Pinker, *Como a mente funciona*, op. cit., p. 32.

reprodução".[10] Na medida em que os psicólogos evolucionistas contam uma história plausível sobre a importância adaptativa de mecanismos desse tipo, também estabelecem uma realidade objetiva e universal. Desse modo, uma história hipotética sobre nossas origens é apresentada como prova da existência e do caráter universal dos mecanismos psicológicos.

Considera-se que tais mecanismos e módulos evoluíram não só graças à seleção natural, mas também à seleção sexual, um processo por meio do qual as escolhas de parceiros de machos e de fêmeas atuam, na prática, como uma força seletiva no desenvolvimento de características sexuais secundárias. Mais do que isso, como produtos desenvolvidos em resposta a problemas específicos encontrados no ambiente original da adaptação evolutiva, afirma-se que esses mecanismos dão forma a atributos psicológicos que, inatos e transmitidos pelos genes, são os mesmos desde o Pleistoceno.

Os psicólogos evolucionistas rejeitam a ideia de que o cérebro humano evoluído possa manifestar uma capacidade generalizada para a criação de um vasto leque de formas culturais e para o aprendizado de uma grande variedade de comportamentos.[11] Assim como nossos órgãos fisiológicos são geneticamente programados e não precisam aprender a funcionar, também nossos órgãos mentais prescindem do aprendizado. "Não aprendemos a ter um pâncreas", Pinker observa com perspicácia e,

---

10 D. M. Buss, *The Evolution of Desire: Strategies of Human Mating*. New York: Basic Books, 1994, p. 25, grifo meu.

11 Sobre a capacidade generalizada do cérebro humano, ver Kathleen R. Gibson, "Epigenesis, Brain Plasticity, and Behavioral Versatility: Alternatives to Standard Evolutionary Psychology Models", in Susan McKinnon e Sydel Silverman (orgs.), *Complexities: Beyond Nature and Nurture*. Chicago, University of Chicago Press, 2005, pp. 23-42.

logo na sequência, emenda: "e também não aprendemos a ter um sistema visual, aquisição de linguagem, bom senso ou sentimentos de amor, amizade e justiça".[12]

Os psicólogos evolucionistas especulam que uma série de mecanismos psicológicos foram projetados especialmente para resolver os "problemas adaptativos" particulares de nossos ancestrais masculinos e femininos do Pleistoceno.[13] Esses mecanismos, ou módulos, são diferentes conforme o gênero e destinados a uma função específica, oferecendo instruções detalhadas para as preferências e os comportamentos psicológicos. Os psicólogos evolucionistas argumentam, por exemplo, que, como um dos problemas adaptativos principais dos homens é a identificação de quais fêmeas são férteis, houve o desenvolvimento de mecanismos de preferência voltados às características que, supostamente, são indícios confiáveis da fertilidade feminina – como juventude, beleza e forma curvilínea. De modo similar, como um dos problemas adaptativos principais das mulheres é encontrar homens com recursos, houve o desenvolvimento de mecanismos de pre-

---

12 S. Pinker, *Como a mente funciona*, op. cit., p. 42.
13 Para abordagens sobre os mecanismos psicológicos na psicologia evolucionista, ver John Tooby e Leda Cosmides, "The Psychological Foundations of Culture", in J. H. Barkow et al., *The Adapted Mind*, op. cit.; D. M. Buss, "Love Acts: The Evolutionary Biology of Love", op. cit.; "Evolutionary Personality Psychology". *Annual Review of Psychology*, v. 42, 1991; id., "Mate Preference Mechanisms: Consequences for Partner Choice and Intrasexual Competition", in J. H. Barkow et al., *The Adapted Mind*, op. cit., pp. 249-66; id., *The Evolution of Desire*, op. cit.; id., *The Dangerous Passion: Why Jealousy is as Necessary as Love and Sex*. New York: The Free Press, 2000; ver também D. M. Buss e David P. Schmidt, "Sexual Strategies Theory: An Evolutionary Perspective on Human Mating". *Psychological Review*, v. 110, n. 2, pp. 204-32, 1993; R. Wright, *The Moral Animal*, op. cit.; e S. Pinker, *Como a mente funciona*, op. cit.

ferência voltados às características que, supostamente, são indícios confiáveis do potencial dos machos para acumular recursos, a fim de solucionar o problema de identificar quais parceiros são capazes de investir em sua prole – como status, ambição e engenhosidade. Esses mecanismos são concebidos como "disposições, regras decisórias, estruturas, processos" que se encontram "no interior do organismo" e que processam informações de acordo com uma lógica utilitária de custo-benefício focada apenas no sucesso reprodutivo e na "produção de resultados" na forma do comportamento apropriado aos problemas adaptativos relacionados à maximização genética.[14] Em suma, esses órgãos mentais não permitem que os humanos respondam às situações de forma criativa ou flexível; pelo contrário, agem mecanicamente como intérpretes do "pensar" realizado pela seleção natural para o "fazer" dos humanos – sem que os humanos de fato necessitem pensar sobre o que quer que seja.

Dada a especificidade dos órgãos mentais cogitada pelos psicólogos evolucionistas – assim como sua suposição de que a seleção natural se encarrega da maior parte do "pensar" –, não é nada surpreendente que as metáforas da mente utilizadas por eles aludam à precisão das máquinas e dos computadores. Máquinas e "mecanismos" são projetados para a repetição infinita de um mesmo procedimento e para a produção de um mesmo resultado; computadores são programados com um código básico; e módulos são componentes autocontidos e padronizados de uma estrutura maior. De acordo com os psicólogos evolucionistas, os órgãos mentais dos humanos têm usado os mesmos mecanismos mentais para produzir o mesmo "resultado" comportamental por milênios.

---

[14] D. M. Buss, "Evolutionary Personality Psychology", op. cit., pp. 459-91.

A solidez dos módulos psicológicos específicos postulados pelos psicólogos evolucionistas também fica evidente na caracterização que costumam fazer do cérebro como um edifício arquitetônico. De fato, os psicólogos evolucionistas respondem à questão "quanto há de 'arquitetura' herdada na mente humana?" com uma edificação que não só está totalmente acabada como também tem seu interior mobiliado com riqueza de detalhes. Ainda assim, como Steven Rose aponta, a metáfora arquitetônica, "que implica uma estrutura estática, construída a partir de instruções e, por conseguinte, estável, não poderia ser uma maneira mais inadequada de enxergar os processos fluidos e dinâmicos com que nossa mente/nosso cérebro desenvolve e cria a ordem a partir da confusão caótica e florescente do mundo com que nos confrontamos a cada momento".[15]

De fato, como postulam a automaximização genética como motor fixo "subterrâneo" primordial do comportamento humano, os psicólogos evolucionistas precisam mobiliar a mente humana com estruturas e adereços que permitam expressar uma única, e não mais que uma, motivação em particular. A hipótese de que módulos específicos e carregados de conteúdo existem é um pré-requisito para a teoria que fez da mente humana um executor passivo de uma verdade singular e inconsciente e de uma agência abstrata. Na verdade, o que se exige é uma "arquitetura" ou "máquina" capaz de descartar a multiplicidade das verdades, realidades e motivações humanas e de reduzi-las a uma única verdade, uma única realidade, uma única motivação. Como veremos adiante, é exatamente isso que os "módulos mentais" e os "mecanismos" realizam.

---

[15] S. Rose, "Escaping Evolutionary Psychology", in H. Rose e S. Rose (orgs.), *Alas, Poor Darwin*, op. cit., pp. 299-320.

ARQUITETURA FIXA *VERSUS* PLASTICIDADE NEURAL

Faço uma pausa aqui para esclarecer que outros modelos diferem significativamente desse retrato do cérebro como edifício arquitetônico imutável construído a partir de módulos fixos voltados a funções específicas. Kathleen Gibson, bioantropóloga especializada na evolução e no desenvolvimento do cérebro e da cognição dos primatas e dos humanos, sintetizou recentemente os argumentos contra o modelo de cérebro defendido pelos psicólogos evolucionistas. Gibson se concentrou em vários aspectos que são relevantes para a nossa investigação: economia genética, generalização neuroanatômica, epigênese e processos de construção mental.

O fato amplamente aceito de que a maior parte dos genes são pleiotrópicos – ou seja, possuem bem mais do que apenas um único efeito fenotípico – oferece um argumento sólido contra a correspondência "um-para-um" entre um gene e uma característica comportamental. Assim, qualquer comportamento humano complexo será influenciado por múltiplos genes, e um determinado gene contribuirá para a realização de múltiplos comportamentos complexos. Além disso, Gibson indica que o genoma humano é constituído de "aproximadamente 30 mil genes e que os humanos e os chimpanzés diferem em apenas 1,6% de seu DNA".[16] Simplesmente não há genes suficientes no genoma humano para abarcar tanto as diferenças físicas e comportamentais entre humanos e chimpanzés quanto o grande número de módulos funcionalmente distintos que são

---

16 K. R. Gibson, "Epigenesis, Brain Plasticity, and Behavioral Versatility", op. cit., p. 28.

propostos pelos psicólogos evolucionistas. "Precisamos", argumenta Gibson, "não de uma teoria segundo a qual um gene = um módulo mental = um comportamento complexo, mas de uma teoria sobre como um pequeno número de genes pode construir um cérebro complexo e capaz de comportamentos diversos."[17]

Ainda que os cientistas saibam já há algum tempo que regiões específicas do cérebro estão associadas a certos comportamentos e a certas capacidades cognitivas, o entendimento de como essas regiões moldam o comportamento se tornou mais complexo. Na verdade, pesquisas recentes sobre a neuroanatomia do cérebro sugerem que o que está localizado em regiões diferentes do cérebro são "mecanismos que podem contribuir para diferentes domínios comportamentais e cognitivos", e não para domínios específicos.[18] Por exemplo, "já se acreditou que a área de Broca controlasse a fala e, mais tarde, que fosse responsável pelo controle da sintaxe; depois, foi postulada sua atuação na organização hierárquica tanto da fala quanto dos comportamentos manuais".[19] Essas reformulações de nossas ideias sobre o funcionamento das áreas do cérebro nos levam para longe dos módulos psicológicos destinados a funções específicas e nos aproximam de mecanismos mais gerais de processamento.

O modelo de módulo fixo do cérebro defendido pelos psicólogos evolucionistas é contestado também pela epigênese – a interação dos genes com os estímulos ambientais – e pela bem documentada plasticidade neural do cérebro. Gibson observa que "cérebros de mamíferos e de humanos em fase de amadurecimento são sistemas epigenéticos clássicos que adquirem capacidades

---

[17] Ibid.
[18] Ibid., p. 29.
[19] Ibid.

comportamentais e mecanismos de processamento neural típicos à espécie através de interações entre genes e estímulos ambientais".[20] As evidências a favor da epigênese e da plasticidade neural incluem, por exemplo, o hiperdesenvolvimento de uma capacidade sensório-motora (como a auricular, visual ou tátil) na ausência ou na sobrecarga de outra; a mudança de funções linguísticas e motoras de um hemisfério do cérebro para outro sob o estresse causado por danos cerebrais na infância; os efeitos da nutrição e do estímulo intelectual sobre o desenvolvimento e a funcionalidade cerebrais; e a "superprodução massiva de neurônios e de sinapses que na sequência são afinados pelo estímulo ambiental".[21] A capacidade dos fatores ambientais de moldar a expressão dos genes ao longo do tempo foi evidenciada em pesquisas recentes sobre gêmeos idênticos realizadas por Mario F. Fraga e outros cientistas do Centro Nacional de Pesquisas Oncológicas [Centro Nacional de Investigaciones Oncológicas] de Madri. Essas pesquisas, que tiveram como foco o DNA de mais de 40 pares de gêmeos idênticos, demonstraram que o perfil epigênico de gêmeos idênticos varia tanto ao longo da vida quanto em função dos ambientes sociais. Rick Weiss, repórter de ciências do *The Washington Post*, resumiu os resultados da pesquisa:

> Foi revelado que, quando jovens, os gêmeos possuem perfis epigênicos praticamente idênticos, mas que, com a idade, esses perfis vão divergindo cada vez mais. Em uma descoberta que os cientistas dizem ser especialmente revolucionária, os perfis epigênicos de gêmeos que haviam sido criados em casas separadas ou que haviam vivido experiências diferentes – no que se

---

20 Ibid, p. 31.
21 Ibid., pp. 28-33.

incluem hábitos nutricionais, histórico de doenças e de atividade física, além do uso de tabaco, álcool ou drogas – diferem mais do que aqueles dos gêmeos que viveram juntos por mais tempo ou que compartilharam ambientes e experiências similares.[22]

O fato de o cérebro humano e todas as características fenotípicas complexas se desenvolverem por epigênese dificulta a diferenciação de quais efeitos, num cérebro adulto desenvolvido, são causados pelos genes e quais se devem ao ambiente. Ainda que os psicólogos evolucionistas não aparentem estar interessados em efetivamente localizar genes ou áreas do cérebro que correspondam especificamente aos módulos e mecanismos que propõem, o significado da epigênese e da plasticidade neural para sua teoria é evidente. Gibson observa que, "mesmo que no futuro se descubra que os cérebros adultos contêm regiões [de função específica] dedicadas à detecção de trapaceiros ou ao altruísmo recíproco, essa evidência ainda seria insuficiente para tirar conclusões gerais sobre suas determinações genéticas ou de desenvolvimento".[23]

Em todo caso, é importante lembrar que a epigênese e a plasticidadade neural, por si sós, não permitem a diferenciação entre as capacidades mentais humanas e as de outros mamíferos – dentre os quais se incluem nossos parentes mais próximos, os grandes primatas. Em vez disso, argumenta Gibson, é a capacidade que o

---

22 Rick Weiss, "Twin Data Highlights Genetic Changes". *The Washington Post*, 5 jul. 2005, A2; para a pesquisa original, ver Mario F. Fraga et al., "Epigenetic Differences Arise During the Lifetime of Monozygotic Twins". *Proceedings of the National Academy of Sciences*, v. 102, n. 30, pp. 10604-09, 2005.
23 K. R. Gibson, "Epigenesis, Brain Plasticity, and Behavioral Versatility", op. cit., p. 33.

cérebro humano tem para processar quantidades significativamente maiores de informação e de fazê-lo através de estruturas hierarquicamente organizadas – o que ela chama de "construção mental" – que diferencia os humanos dos grandes primatas. "De modo mais específico", a pesquisa da autora nos mostra, "o aumento da capacidade do cérebro para o processamento de informações permitiu aos humanos a combinação e a recombinação de um maior número de ações, percepções e conceitos em conjunto e a criação de constructos conceituais ou comportamentais de ordem superior à dos primatas".[24] Essa capacidade de inscrever uma multiplicidade de conceitos, percepções e ações em constructos hierarquicamente ordenados é o que possibilita a realização de uma grande variedade de tarefas técnicas, linguísticas e sociais – desde a construção de ferramentas e estruturas complexas até a elaboração de frases e a habilidade de inferir as intenções alheias (por exemplo, dizer a verdade ou enganar, fazer uma piada, ser irônico ou sarcástico). O fato de que essa capacidade se desenvolva durante o amadurecimento é um indicador da diferença de habilidades entre crianças e adultos humanos; seu desenvolvimento total nos humanos adultos os diferencia dos grandes primatas.

Há várias razões pelas quais a adoção de um processo de construção mental mais geral e subjacente pareça uma abordagem mais satisfatória das capacidades mentais humanas do que uma narrativa que dependa de uma série de módulos mentais fixos e funcionalmente específicos. Gibson as sintetiza da seguinte maneira:

> Um modelo mental em constante processo de construção [...] se harmoniza com os princípios da pleiotropia, da economia gené-

---

24 Ibid, p. 34.

tica e da epigênese e explica nossas capacidades de elaborar soluções criativas para novos problemas. Em oposição, modelos que postulam módulos neurais controlados pelos genes e especializados para cada problema encontrado durante nossa história evolutiva são dispendiosos sob um posto de vista genético, violam os princípios da pleiotropia e não são capazes de explicar por que conseguimos resolver problemas e nos adaptar a ambientes não encontrados por nossos ancestrais.[25]

O modelo do cérebro esboçado por Gibson se vale das evidências antropológicas e arqueológicas da criatividade humana manifesta nas diversas ideias, crenças e práticas culturais ao redor do globo, na variabilidade das formas de compreensão e de comportamentos individuais e na transformação histórica das culturas ao longo do tempo.

GENES DA DESONESTIDADE

Ainda que as evidências que acabei de citar sugiram que mesmo os mecanismos generalizados do cérebro humano não podem ser considerados em referência apenas à genética, os psicólogos evolucionistas argumentam que mecanismos mentais especializados – cada um dos quais responsável por resolver determinado problema em um domínio delimitado – são inatos. Como Donald Symons declara: "É possível, assim, dizer com propriedade que os mecanismos especializados *para* as preferências de acasalamento surgiram na psique humana e que os genes *para*

[25] Ibid, p. 37.

as preferências de acasalamento surgiram no fundo genético".[26] Há ainda quem trace uma analogia entre a "psicologia inata" (em oposição à "psicologia manifesta") e o genótipo humano (em oposição ao fenótipo humano), sugerindo que os mecanismos psicológicos não são apenas "parecidos" com o genótipo humano, mas na verdade também são parte dele.[27] De fato, Tooby e Cosmides afirmam que "adaptações complexas são máquinas intricadas que exigem 'instruções' complexas no nível genético".[28]

A maior parte dos psicólogos evolucionistas é clara ao afirmar que não há uma correlação um-para-um entre genes específicos e qualquer órgão, módulo ou mecanismo mental em particular.[29] Ainda assim, suas narrativas estão repletas de conjecturas que envolvem genes e módulos designados por nomes e que se correlacionam com comportamentos notadamente específicos – uma estratégia narrativa enganosa, na melhor das hipóteses. Conforme lemos seus textos, esquecemos a ressalva e ouvimos apenas a repetição da especificidade um-para-um do elo genético-comportamental.

---

26 Donald Symons, "The Psychology of Human Mate Preferences (Commentary on Buss 1989)". *Behavioral and Brain Sciences*, v. 12, 1989, pp. 34-35.

27 J. Tooby e L. Cosmides, "The Innate Versus the Manifest: How Universal Does Universal Have to Be? (Commentary on Buss 1989)". *Behavioral and Brain Sciences*, v. 12, 1989, pp. 36-37; D. M. Buss, "Evolutionary Personality Psychology", op. cit., pp. 478-79.

28 J. Tooby e L. Cosmides, "The Psychological Foundations of Culture", op. cit., p. 78.

29 Para afirmações de que não há uma correlação direta entre um gene e um mecanismo psicológico, ver ibid.; R. Wright, *The Moral Animal*, op. cit., p. 57; e S. Pinker, *Como a mente funciona*, op. cit., pp. 45-46.

Os psicólogos evolucionistas não se furtam de fazer uso de descrições bastante detalhadas de características comportamentais que consideram hereditárias. Pinker argumenta que não só talentos e temperamentos em geral ("nossa facilidade com o idioma, nosso nível de religiosidade, o grau de nossas convicções liberais ou conservadoras"), mas também tipos de personalidade ("receptividade à experiência, conscienciosidade, extroversão-introversão, antagonismo-aquiescência, tendências neuróticas") e características altamente específicas ("dependência de nicotina ou álcool, o número de horas diante da televisão e a probabilidade de divorciar-se") são hereditários – isto é, estão codificados em nossos genes.[30] E tudo isso apesar da evidente ausência de nicotina, álcool, televisão (e talvez até mesmo de casamento, sem falar em divórcio) na cena social do Pleistoceno!

Além disso, os psicólogos evolucionistas não hesitam em pegar uma hipótese ou contra-hipótese sobre a natureza e a evolução do comportamento humano e em reificá-la na forma de um gene ou de um módulo a que dão um nome, o que tem o efeito retórico de transformar a *ficção* de uma correlação genética em uma *realidade* científica. Dentre os vários nomes dados a genes que figuram nos textos dos psicólogos evolucionistas, podem-se encontrar:

- um "gene da fidelidade";
- um "gene altruísta";
- um "gene que leva um chimpanzé a dar 60 gramas de carne para seu irmão";

[30] S. Pinker, *Tábula rasa: a negação contemporânea da natureza humana*, trad. Laura Teixeira Motta. São Paulo: Companhia das Letras, 2004, p. 507.

- um "gene que aconselha os macacos a amar outros macacos que mamaram nos seios de sua mãe";
- um "gene que retribui a bondade com bondade";
- um "gene formador de grupos";
- um "gene que faz uma criança assassinar sua irmã recém-nascida";
- um "gene que faz uma jovem de quinze anos querer cuidar de um bebê";
- um "gene que predisponha o macho a ser traído";
- um "gene que faz com que um macho fecunde todas as fêmeas";
- um "gene que induz a participar do jogo";
- "genes que aconselham a submissão";
- genes que incitam ímpetos como ambição e competitividade ou sentimentos como vergonha ou orgulho;
- "genes da desonestidade";
- "genes recíproco-altruístas";
- "genes que levam à prática do altruísmo diante de altruístas";
- "genes para ajudar os parentes";
- "genes para resistir a... papéis sociais".[31]

Dentre os vários nomes de módulos apresentados nos textos dos psicólogos evolucionistas, temos:

- um "módulo de amor pela prole";
- um "módulo de atração por músculos";
- um "módulo de atração por status";
- um "sistema de detecção de idade";
- um "módulo de expulsão de machos";

---

[31] R. Wright, *The Moral Animal*, op. cit., pp. 56, 159-60, 201, 207, 239, 245, 279; e S. Pinker, *Como a mente funciona*, op. cit., pp. 452, 465, 467, 490, 539.

- um "módulo de detecção de trapaceiros";
- um "módulo para assassinato de parceiras";
- um "módulo evoluído de homicídio".[32]

Há muitos problemas com essa forma de reificação genética de características específicas do comportamento humano. Em primeiro lugar, e longe de ser o fato menos importante de todos, nenhum gene ou módulo voltado para características comportamentais, temperamentos ou tipos de personalidade humanos específicos foi encontrado até agora. Em segundo lugar, esse vácuo empírico não parece impedir que as reificações e fabricações retóricas continuem a acontecer. Como Steven Rose aponta, a "disseminação desses pseudogenes teóricos, assim como de seus supostos efeitos sobre a adaptação inclusiva, pode ser então modelada de forma satisfatória *como se* eles existissem, sem que seja sequer necessário se preocupar com o terreno biológico empírico".[33] De fato, os antropólogos Stefan Helmreich e Heather Paxson observam que os psicólogos evolucionistas repetidamente "oferecem hipóteses e, mais tarde, se referem a elas como se houvessem sido comprovadas".[34] Em terceiro lugar, a descoberta recente, pelo Projeto Genoma Humano, de que o material genético humano contém bem menos genes do que se

---

32 R. Wright, *The Moral Animal*, op. cit., pp. 106-07, 110, 124-25, 204; D. M. Buss, *The Dangerous Passion*, op. cit., pp. 122-23
33 S. Rose, "Escaping Evolutionary Psychology", op. cit., pp. 303-04, grifo do original.
34 Stefan Helmreich e Heather Paxson, "Sex on the Brain: A Natural History of Rape and the Dubious Doctrines of Evolutionary Psychology", in Catherine Besteman e Hugh Gusterson (orgs.), *Why America's Top Pundits Are Wrong: Anthropologists Talk Back*. Berkeley: University of California Press, 2005, pp. 190-91.

imaginava – algo em torno de 30 mil – milita contra a suposição de que uma grande quantidade de mecanismos psicológicos especializados poderia realmente ter correlatos genéticos individuais. E, por fim, tais representações deturpam fundamentalmente a natureza dos genes e sua relação com a evolução. O geneticista evolutivo Gabriel Dover, especializado em processos moleculares evolutivos, observa que:

> Genes não são entidades autorreplicantes; não são eternos; não são unidades de seleção; não são unidades de função; e não são unidades de instrução. Eles são modulares em sua constituição e história; invariavelmente redundantes; cada um deles está envolvido em uma multiplicidade de funções; e são malcomportados em uma quantidade absurda de formas. Eles coevoluem de forma íntima e interativa através de produtos de proteína e de RNA. No que se refere a qualquer atributo adaptativo de um indivíduo, perdem o sentido fora de suas interações: não há correlação um-para-um entre genes e características complexas. Genes são as unidades da hereditariedade, mas não as unidades da evolução: eu defendo que não existem tais "unidades" da evolução porque todas as unidades estão em constante transformação. Eles estão intimamente envolvidos com as funções biológicas da evolução, mas a evolução não tem a ver com a seleção natural de genes "egoístas".[35]

Independentemente de os psicólogos evolucionistas realmente acreditarem ou não na correlação um-para-um entre genes e características comportamentais humanas complexas, as reifi-

---

35 Gabriel Dover, "Anti-Dawkins", in H. Rose e S. Rose (orgs.), *Alas, Poor Darwin*, op. cit., p. 56.

cações que fazem dessas características em genes que recebem nomes naturaliza os resultados da conjectura, oculta-os sob a autoridade da verdade científica e impossibilita considerações sobre as origens e os modos alternativos de transmissão para o complexo conjunto de características comportamentais humanas.

A RACIONALIDADE DE ABSOLUTAMENTE TUDO

Os psicólogos evolucionistas se orgulham da parcimônia de suas explicações – que são de fato parcimoniosas, no sentido de que apelam para a mesma racionalidade genética fundamental como explicação para tudo. Mesmo os atos mais irracionais e destrutivos podem ser apresentados como racionais e produtivos. Tomemos como exemplo o ciúme. Em seu livro *The Dangerous Passion: Why Jealousy is as Necessary as Love and Sex* [A paixão perigosa: por que o ciúme é tão necessário quanto o amor e o sexo], David Buss afirma que essa emoção, que aparenta ser tão irracional, é atribuída principalmente ao homem e é vista como uma resposta adaptativa racional à perpétua incerteza masculina quanto à paternidade.[36] Os psicólogos evolucionistas argumentam que o ciúme se manifesta em um homem em resposta a uma possível "ameaça real" – ou seja, a de que sua parceira possa estar fazendo sexo com outra pessoa e, como consequência, de que ele possa não só perder uma oportunidade para se reproduzir com sua parceira (ou para encontrar uma outra parceira), mas também de que "desperdice" seu

---

36 D. M. Buss, *The Dangerous Passion*, op. cit., pp. 16-17, 34-35, 52-53, 162-63.

investimento paternal em crianças que não são suas de um ponto de vista genético.

Buss concebe o ciúme como um tipo de detector de fumaça inconsciente, ainda que essa metáfora não seja dele. O ciúme (e não o homem) detecta a fumaça da infidelidade e dispara o alarme quando há um incêndio desse tipo (mesmo que não haja nenhum, como acontece frequentemente com os alarmes falsos). O detector de infidelidade funciona de acordo com um cálculo reprodutivo inconsciente, e, assim, o homem talvez não esteja ciente dos "sinais" ou talvez não entenda por que sente o que sente. O ciúme faz o alarme soar a fim de estimular a parceira do homem a adotar as ações apropriadas que o protegerão de (continuar a) ser traído e impedirão a possível perda do potencial e dos investimentos reprodutivos dele. Desse modo, a "racionalidade" do ciúme está em seu suposto funcionamento como mecanismo de detecção que "enxerga" o estado real das coisas (lá onde a visão do homem pode estar turva) e recalibra a relação para proteger o patrimônio reprodutivo do homem (mas não necessariamente o da mulher).

A hipótese de uma lógica genética "subterrânea" permite a Buss e a outros psicólogos evolucionistas considerar racionais e adaptativas em sua essência mesmo as ações que aparentam ser as mais irracionais – quando, por exemplo, o ciúme persiste como uma obsessão e envolve violência apesar da fidelidade da parceira. Buss pôde inclusive tirar essa conclusão de evidências que a contrariam. Como o autor relata:

> Em um estudo, uma amostra de mulheres que haviam sido agredidas foi entrevistada e dividida em dois grupos: um grupo continha mulheres que haviam sido tanto estupradas quanto espancadas por seus maridos; o outro, mulheres que haviam

sido espancadas, mas não estupradas. Esses dois grupos foram então comparados com um grupo de controle composto de mulheres não vitimizadas. Perguntou-se para as mulheres se elas "em algum momento haviam feito sexo" com outro homem enquanto viviam com o marido. Das mulheres do grupo de controle, 10% responderam que haviam tido um caso extraconjugal; 23% das mulheres espancadas disseram que haviam traído o marido; e 47% daquelas que foram espancadas e estupradas confessaram haver cometido adultério. Essas estatísticas revelam que a infidelidade feminina precede o comportamento violento nos homens.[37]

O fato de o ciúme violento ter se manifestado mesmo quando a *maioria* das mulheres – 77% das mulheres espancadas e 53% das mulheres espancadas e estupradas – *não haviam cometido adultério* não parece ser levado em conta. Sem pestanejar, Buss continua a argumentar que o ciúme violento é "racional", já que quando "os homens mantêm uma ameaça palpável [...] [diminuem] as chances de que suas parceiras venham a ser infiéis ou fujam do relacionamento"[38] e, desse modo, façam com que os homens percam a batalha pela proliferação genética diferencial. Indo mais além, David Buss e Joshua Duntley postulam que houve nos homens a evolução de um "módulo para assassinato de parceiras"[39] que, após uma análise de custo-benefício, ordenaria a morte da "parceira" por uma série de razões: para estancar os custos da incerteza de paternidade e a malversação de investimentos paternais (isto é, quando um homem presume

---

37 Ibid, pp. 113-14.
38 Ibid. p. 114.
39 Ibid. p. 122-24.

que sua esposa esteja grávida de outro homem) ou para evitar a defecção permanente da companheira para outro homem. Assim, o homicídio é visto como apenas um "método adaptativo de redução dos custos [reprodutivos]" para o assassino.[40]

Ao partir dos pressupostos de que há uma única realidade por detrás de todo o comportamento humano e de que uma lógica particular de escolha racional é a causa última de todas as ações, não há, por definição, nenhum comportamento humano – não importa quão destrutivo – que não possa ser tornado lógico ou racional. Basta postular a existência de um "módulo" adequado para realizar a transição entre a utilidade genética e a manifestação comportamental. O fato de que comportamentos totalmente opostos – cuidar de sua esposa e filhos e matá-los – sejam considerados sob a mesma lógica fundamental significa, como Hilary Rose observa em outro contexto, que "a seleção serve de explicação para tudo e, portanto, para nada".[41]

Mas essa "parcimônia" de explicações é acompanhada de um paradoxo triplo: ela cria escolhas que não são escolhas; postula indivíduos que não são indivíduos; e imagina efeitos culturais que são independentes da cultura.

A ESCOLHA QUE NÃO É UMA ESCOLHA

A capacidade de "escolha" é um valor importante para as culturas euro-estadunidenses, um valor cuja significância está, em geral, no domínio da cultura, e não no da natureza. É um paradoxo

---

[40] Ibid., p. 124.
[41] H. Rose, "Colonizing the Social Sciences?", in H. Rose e S. Rose (orgs.), *Alas, Poor Darwin*, op. cit., p. 147.

que, em uma teoria tão completamente fundada em uma ideologia neoliberal de "escolha racional" e da primazia do interesse individual, os indivíduos acabem por ter negadas a capacidade e a agência para fazer escolhas conscientes. Há muito "pensar" acontecendo nas narrativas da vida social escritas pelos psicólogos evolucionistas – decisões são tomadas, problemas são resolvidos, regras são seguidas, custos e benefícios são comparados, escolhas são feitas e objetivos são cumpridos. Ainda assim, os humanos não estão encarregados do "pensar" ou do "escolher". Os psicólogos evolucionistas nos dizem o tempo todo que os humanos fazem as coisas sem estar conscientes da lógica genética subterrânea que motiva suas ações. Os humanos pensam, decidem e escolhem, resolvem problemas e pesam custos e benefícios da mesma forma que suas glândulas sudoríparas controlam a regulação térmica: sem precisar estar conscientes do processo. "Na verdade", Buss observa, "assim como a súbita consciência de que possui mãos pode impedir a performance de um pianista, a maior parte das estratégias sexuais humanas funciona melhor sem a consciência do agente".[42] Se as glândulas sudoríparas são o modelo para como os humanos fazem escolhas, fica difícil saber até por que razão o cérebro teria evoluído. Poderíamos nos ter limitado a usar nossos ovários e testículos para "pensar" sobre o mundo.

E, ainda que uma afirmação desse tipo pareça risível, é exatamente assim que os psicólogos evolucionistas imaginam que funcionam nossos pensamentos. Nas narrativas deles, é raro que os agentes ativos – os agentes que fazem os cálculos, comparam custos e benefícios e escolhem – sejam pessoas conscientes; na maior parte das vezes, são entidades fisiológicas microscópicas, como os espermatozoides, os óvulos, os hormônios ou os genes.

---

42 D. M. Buss, *The Evolution of Desire*, op. cit., p. 6.

O desenrolar de um dos principais lugares-comuns da psicologia evolucionista – o de que os machos competem e as fêmeas escolhem – é situado de modo mais significativo no nível microscópico. Nele, a ejaculação masculina é vista como um exército ou como uma "horda" que trava uma "batalha subterrânea". Ela é constituída de vários agentes especializados com missões próprias: a missão do espermatozoide "agarrador do óvulo" é nadar com rapidez e alcançar seu alvo no menor tempo possível, enquanto a missão do espermatozoide "kamikaze" é derrubar o inimigo e se sacrificar para o bem maior de seus companheiros de armas mais velozes.[43]

Enquanto os espermatozoides masculinos "propagandeiam" suas qualidades, as fêmeas (ou, presume-se, seus óvulos) manipulam-nos de forma inconsciente, "sentem" quais são bons pares e escolhem os melhores dentre eles. Esse processo foi chamado de "escolha feminina críptica"[44] – críptica mesmo, já que nem as próprias mulheres estão cientes dela. De modo bastante interessante, o mecanismo pelo qual a mulher inconscientemente "esco-

---

[43] M. Wilson e M. Daly, "The Man Who Mistook His Wife for a Chattel", op. cit., pp. 294, 299; D. M. Buss, *The Evolution of Desire*, op. cit., pp. 75-76; id., *The Dangerous Passion*, op. cit., pp. 171-73; R. Wright, *The Moral Animal*, op. cit., p. 71; S. Pinker, *Como a mente funciona*, op. cit., pp. 488-89.

[44] D. M. Buss, *The Evolution of Desire*, op. cit., pp. 75-76; id., *The Dangerous Passion*, op. cit., p. 173; Tim R. Birkhead, "Hidden Choices of Females". *Natural History*, v. 11, 2000, pp. 66-71; id., *Promiscuity: An Evolutionary History of Sperm Competition*. Cambridge: Harvard University Press, 2000; Devendra Singh et al., "Frequency and Timing of Coital Orgasm in Women Desirous of Becoming Pregnant". *Archives of Sexual Behavior*, v. 27, n. 1, 1998, pp. 15-29; e Emily Martin, "The Egg and the Sperm: How Science Has Constructed a Romance based on Stereotypical Male-Female Roles". *Signs*, v. 16, n. 3, 1991, pp. 485-501.

lhe" ou "controla" qual espermatozoide do parceiro será "aceito" ou "rejeitado" acaba por se revelar, de acordo com Devendra Singh e seus colegas (todos homens), como a frequência e o momento do orgasmo.[45] Mas já que, como eles mesmos calculam, as mulheres têm orgasmos em apenas 40% das vezes e, é preciso destacar, "o momento" está longe de ser um conceito preciso, a escolha inconsciente das mulheres termina por não se caracterizar de modo nenhum como uma escolha. Não que isso importe, no entanto, já que a mulher nem sequer sabia que estava escolhendo: a agência consciente seria de seus óvulos e hormônios.

Em sua ânsia por subsumir a agência humana à lógica singular do cálculo genético, os psicólogos evolucionistas descartaram a escolha como uma função da consciência humana e a reinventaram como uma função dos tecidos humanos, dos processos fisiológicos e daqueles mais amplos da seleção natural. Ainda que a enorme saliência cultural da "escolha racional" econômica tenha sido conservada na retórica da psicologia evolucionista, ela foi separada da consciência humana e reduzida a uma propriedade do "pensar" que a seleção natural realiza em nosso nome. Considera-se que essa mão invisível da seleção natural opera na biologia do mesmo modo como se presume que a "mão invisível do mercado" opere na economia.

O INDIVÍDUO QUE NÃO É UM INDIVÍDUO

Se a escolha acaba por não ser bem uma escolha, o indivíduo acaba por não ser bem um indivíduo. Como há apenas um

---

[45] Devendra Singh et al., "Frequency and Timing of Coital Orgasm in Women Desirous of Becoming Pregnant", op. cit.

motor primordial e apenas uma lógica que valem para as explicações dos psicólogos evolucionistas, não há necessidade de uma teoria da motivação individual nem da análise dos detalhes de histórias de vida individuais – ambas as quais são consideradas irrelevantes para as explicações totalizantes privilegiadas pelos psicólogos evolucionistas.

É óbvio que os humanos são capazes de uma série de estados emocionais, linhas de raciocínios e formas de criatividade diferentes. São capazes de um ciúme mais ameno ou mais agressivo, além de poderem não ser nada ciumentos; são capazes de meditações pacíficas, de violências inenarráveis ou até mesmo de homicídios. Os psicólogos evolucionistas não conseguem explicar sequer três aspectos da existência de diferenças nas respostas dos indivíduos a uma situação específica – como na infidelidade presumida da parceira sexual ou da esposa, por exemplo. Em primeiro lugar, os psicólogos evolucionistas não explicam por que indivíduos se desviam na expressão de uma norma cultural específica. Em culturas em que a sexualidade extraconjugal é abertamente permitida e manifestações de ciúme não são encorajadas, por que alguns indivíduos são, apesar de tudo, ciumentos? E, por outro lado, por que algumas pessoas não exprimem nenhum tipo de ciúme em lugares em que a sexualidade extraconjugal é terminantemente proibida e a expressão do ciúme é completamente normativa? Em segundo lugar, eles não são capazes de explicar por que há tantas respostas possíveis para o mesmo ato – ou seja, a sexualidade extraconjugal da esposa. Por que ela é enquadrada como infidelidade por alguns e como liberdade sexual por outros? Por que a frieza e o distanciamento são expressões suficientes do ciúme para alguns homens, enquanto o assassinato nem sequer é o bastante para outros? E, em terceiro lugar, os psicólogos evolucionistas não explicam a óbvia inadequação da resposta dada em alguns casos – ou seja, a aparente discrepância entre causa e efeito. Por exemplo, mesmo que se aceite o argumento de que a agressão dos homens contra mulheres seja uma resposta adaptativa para a infidelidade feminina, não haverá explicação para a desproporção enorme (77%) entre o número de casos de agressão e o número de casos que efetivamente envolviam mulheres infiéis.

Uma teoria adequada do ciúme sexual deve ser capaz de explicar por que esse sentimento se expressa ou não; por que, quando expressado, assume formas significativamente diferentes; e por que se expressa mesmo quando não há causas objetivas. Os psicólogos evolucionistas não explicam essas coisas porque, como é evidente, há aqui uma outra lógica em funcionamento, uma lógica que escapa da "racionalidade" específica da vantagem reprodutiva – uma lógica cuja compreensão depende da análise das especificidades ligadas às histórias e às motivações individuais, assim como aos valores e às perspectivas culturais.

A CULTURA QUE NÃO É CULTURA

Os psicólogos evolucionistas contornam a evidência da variação cultural através de sua caracterização como um tipo de estrutura "manifesta" ou superficial que está subordinada a uma estrutura inata ou profunda de mecanismos psicológicos geneticamente determinados – aquilo que John Tooby e Leda Cosmides descrevem como a diferença entre o "fenótipo" e o "genótipo".[46] Ainda que reconheçam a complexidade e a diversidade

---

[46] J. Tooby e L. Cosmides, "The Innate Versus the Manifest", op. cit., p. 36.

culturais, Margo Wilson e Martin Daly defendem "a ubiquidade de uma mentalidade central cuja operação pode ser distinguida de uma série de fenômenos culturalmente diversos quanto a seus detalhes, mas monotonamente semelhantes no abstrato".[47]

A distinção entre estrutura profunda e estrutura superficial – genótipo e fenótipo – tem o atrativo adicional de poder ser aplicada a toda e qualquer situação. Quando a preferência de "genótipo" não se expressa, isso pode ser atribuído a forças ambientais (leia-se: culturais) que disparam uma forma "fenotípica" alternativa. Em sua pesquisa envolvendo 37 culturas, David Buss notou que, ao contrário do previsto, os homens zulu privilegiam a ambição e a engenhosidade nas mulheres mais do que as mulheres o fazem quanto aos homens. Nesse caso, recorre-se não às supostas preferências de acasalamento inatas, mas à divisão do trabalho específica da cultura zulu a fim de explicar a inversão do que estava previsto.[48] Portanto, será apenas através de um recurso *ad hoc* a argumentos heterogêneos que a explicação poderá ser sustentada: estruturas inatas justificam a preferência das mulheres pela ambição e pela engenhosidade (leia-se: recursos) masculinas em algumas culturas, mas estruturas culturais justificam a preferência dos homens pela ambição e engenhosidade femininas em outras.

Os psicólogos evolucionistas são forçados por várias razões a recorrer a tais argumentos *ad hoc* no que diz respeito às origens da variação cultural. Eles privilegiaram uma teoria da mente que estipula mecanismos psicológicos carregados de con-

---

47 M. Wilson e M. Daly "The Man Who Mistook His Wife for a Chattel", op. cit., p. 291.
48 D. M. Buss, "Love Acts: The Evolutionary Biology of Love", op. cit., 1988, p. 7.

teúdo e específicos ao desempenho de uma determinada função em detrimento de uma teoria que reconheça capacidades mentais generalizadas. Não importa o que digam sobre a natureza ou sobre a criação de filhos, os psicólogos evolucionistas dissolveram as dinâmicas da cultura no caldo da biologia e da utilidade da maximização genética. E elevaram concepções de mundo próprias a uma cultura e a um contexto histórico à categoria de universais transculturais, até descobrir que, para seu próprio espanto, elas nem sempre estão de acordo com as manifestações de outras culturas.

2
INDIVÍDUO E SOCIEDADE

Os psicólogos evolucionistas constroem suas teorias das preferências psicológicas a partir de uma forma específica de reducionismo – a que chamo individualismo genético – que foi formulada pela primeira vez nos anos 1970, como parte da sociobiologia. Por "individualismo genético", quero me referir à concepção da vida social humana que reduz as relações sociais e o comportamento a produtos da competição egoísta entre indivíduos. Esses indivíduos (ou seus genes) calculam seus interesses de acordo com uma lógica de custo-benefício que tem como meta a proliferação de legados genéticos através da seleção natural. A noção de individualismo genético depende, explícita ou implicitamente, dos valores culturais da teoria econômica neoliberal: as relações sociais podem ser reduzidas a relações de mercado; o "bem comum" deve ser substituído pela responsabilidade individual e os serviços públicos devem ser privatizados; o lucro e o capital devem ser maximizados através da desregulamentação dos mercados – isto é, a competição deve seguir seu curso sem restrições, em um "nivelamento por baixo", não importa quais sejam as consequências sociais.

Por tomarem o individualismo genético radical como ponto de partida, um dos dilemas centrais que os psicólogos evolucionistas enfrentam – assim como os sociobiólogos antes deles – é a própria existência da vida social, especialmente em suas formas de comportamento social que não são evidentemente egoístas. Qual, então, é o material de que o individualismo genético é composto e como ele é retoricamente construído? Como os psicólogos evolucionistas concebem o surgimento das relações sociais? E, o que é mais importante, em que medida é realmente possível explicar as variedades de relações sociais humanas com base seja na genética, seja no egoísmo do individualismo genético? A lógica genética da psicologia evolucionista se mantém de pé ou desaba quando confrontada com a evidência empírica da diversidade cultural humana?

INDIVIDUALISMO GENÉTICO E O PROBLEMA DO "SOCIAL"

Para os psicólogos evolucionistas, assim como para os sociobiólogos, a vida consiste no trabalho da seleção natural, e a seleção natural consiste na proliferação de diferentes genes entre indivíduos de uma geração para a outra. A automaximização genética individual é a motivação principal do comportamento, e a competição é a forma principal de relação social, já que a meta a ser seguida com obstinação (ainda que inconsciente) por todos os indivíduos é a da maximização da passagem de seus próprios genes para as gerações subsequentes.

Na medida em que não há duas pessoas com a mesma composição genética (exceto se forem gêmeas), os psicólogos evolucionistas argumentam que os interesses genéticos de uma pessoa estão inerentemente em conflito com os de outra. Porque enxergam esse conflito como o principal atributo da existência humana, é inevitável que visualizem a vida social fundamentalmente como um tipo de guerra e uma série de batalhas. Assim, a seleção natural é vista como um "campo de batalha" povoado por vários agentes que "representam ameaças" e se defendem com "arsenais" pessoais de "armas" cognitivas e emocionais. Ainda que não seja uma surpresa que se imagine que homens "combatam" com homens, e mulheres com mulheres, os psicólogos evolucionistas retratam um campo de batalha muito mais extenso. Uma vez que enxergam os interesses genéticos dos machos e das fêmeas como essencialmente em desacordo uns com os outros, imaginam que muito do comportamento humano é moldado por uma "batalha entre os sexos", conforme machos e fêmeas se enfrentam em uma perpétua "queda de braço" evolutiva guiada por estratégias reprodutivas opostas. Contudo, a batalha é travada não só entre os sexos, mas até mesmo entre progenitores e filhos (uma batalha que se imagina ter começado no útero da mãe) e entre irmãos. Desse modo, e partindo do pressuposto de que a vida humana é em essência uma guerra hobbesiana de todos contra todos, o problema passa a ser como conceber formas de socialidade que não são obviamente egoístas e competitivas.[1]

A partir de uma fundação erguida com base nos interesses genéticos do indivíduo, os psicólogos evolucionistas constroem

---

1   Para metáforas de combate usadas pelos psicólogos evolucionistas, ver, por exemplo, Robert Wright, *The Moral Animal: The New Science of Evolutionary Psychology*. New York: Vintage Books, 1994, pp. 61, 71-72, 89, 168; David M. Buss, *The Evolution of Desire: Strategies of Human Mating*. New York: Basic Books, 1994, pp. 5, 12-13, 166-167, 218- 21; id., *The Dangerous Passion: Why Jealousy is as Necessary as Love and Sex*. New York: The Free Press, 2000, pp. 152, 194, 441-46, 450-51; Steven Pinker, *Como a mente funciona* [1997], trad. Laura Teixeira Motta. São Paulo: Companhia das Letras, 2001, pp. 465-68, 472, 484; Tim R. Birkhead "Hidden Choices of Females". *Natural History*, v. 11, 2000, p. 71; id., *Promiscuity: An Evolutionary History of Sperm Competition*. Cambridge: Harvard University Press, 2000, pp. 12, 18-21, 30-31, 133, 233.

uma ordem primária de relações sociais – uma ordem que é resultado de uma lógica natural, e não cultural. Entende-se que a reprodução sexual resulta em um cálculo natural de semelhança genética ou de proximidade por parentesco. Por exemplo, um indivíduo compartilha mais genes com (e é portanto mais próximo de) seu irmão biológico do que com seus sobrinhos biológicos. Assim, é possível traçar graus de proximidade e de distanciamento genéticos conforme há um deslocamento de um indivíduo em direção a relações mais e mais distantes.

Seguindo os passos dos sociobiólogos, os psicólogos evolucionistas fazem a suposição fundamental de que as relações sociais são uma decorrência direta das relações genéticas. Eles postulam uma correspondência direta entre genética e relações sociais que torna as categorias de parentesco bem definidas e autoevidentes. Como Pinker ironiza, "os relacionamentos são precisos. Ou você é mãe de alguém ou não é".[2] Não são apenas as *categorias* das relações de parentesco, mas também os *comportamentos* apropriados às várias categorias de parentesco – por exemplo, amor, cuidado [*nurturance*], altruísmo, solidariedade –, que se presume serem resultado direto e não mediado do grau de semelhança genética: quanto mais alta a semelhança genética, mais alta a manifestação desses comportamentos.[3] Os

---

2   S. Pinker, *Como a mente funciona*, op. cit., p. 452. Para uma crítica ao entendimento de Pinker sobre as categorias de parentesco, e em particular quanto à "mãe", ver Susan McKinnon, "On Kinship and Marriage: A Critique of the Genetic and Gender Calculus of Evolutionary Psychology", in S. McKinnon e Sydel Silverman (orgs.), *Complexities: Beyond Nature and Nurture*. Chicago: University of Chicago Press, pp. 109-13.

3   Ver, por exemplo, R. Wright, *The Moral Animal*, op. cit., pp. 155-69; e S. Pinker, *Como a mente funciona*, op. cit., pp. 452-54.

psicólogos evolucionistas argumentam que, como são movidas pela maximização de seu próprio sucesso reprodutivo, as pessoas procuram "investir" em primeiríssimo lugar em seus próprios filhos biológicos em vez de "desperdiçar" recursos com crianças que não são geneticamente suas.[4]

Os psicólogos evolucionistas expandem essa visão radicalmente excludente e restritiva da socialidade humana ao se referirem aos princípios da seleção de parentesco e da adaptação inclusiva, o que possibilita a inclusão de parentes mais distantes no universo social. A adaptação inclusiva estipula que, como parentes biológicos compartilham genes, o comportamento altruísta entre familiares contribui para a proliferação dos genes de um indivíduo através da promoção da viabilidade dos genes compartilhados. O mecanismo da seleção de parentesco especifica que o grau em que o comportamento altruísta contribui para a adaptação de um indivíduo é proporcional ao percentual de genes compartilhados com aqueles que se beneficiam do ato de altruísmo. Ainda assim, mesmo considerados esses princípios, as relações sociais que os psicólogos evolucionistas são capazes de conceber estão restritas àquelas que dependem de algum grau de relação genética.

---

4   Martin Daly e Margo Wilson, *The Truth about Cinderella: A Darwinian View of Parental Love*. New Haven: Yale University Press, 1998, pp. 38-39. Ver também: id., "The Man Who Mistook His Wife for a Chattel", in Jerome H. Barkow, Leda Cosmides e John Tooby (orgs.), *The Adapted Mind: Evolutionary Psychology and the Generation of Culture*. New York: Oxford University Press, 1992, pp. 290-92; D. M. Buss, *The Evolution of Desire*, op. cit., pp. 66-67, 125-26, 130-31; id., *The Dangerous Passion*, op. cit., pp. 4, 35, 52-53, 177; R. Wright, *The Moral Animal*, op. cit., p. 66; e S. Pinker, *Como a mente funciona*, op. cit., pp. 452-54.

Os psicólogos evolucionistas se referem, então, a uma ordem secundária de relações sociais, estabelecidas entre aqueles a que falta qualquer relação genética – uma ordem que veem em essência como "não natural" e artificial. "O amor pelos familiares brota naturalmente", Pinker afirma, "o amor pelas demais pessoas, não."[5] A fim de criar uma ordem mais abrangente da socialidade, os psicólogos evolucionistas se valem de um conceito de altruísmo recíproco[6] – um sistema em que um indivíduo realiza um ato altruísta para outro com a expectativa de retribuição futura; um sistema que, conforme entendem, exige um mecanismo para a detecção de trapaceiros. Isso permite que indivíduos cooperem ou troquem mercadorias ou serviços com a expectativa de que, com o tempo, todos se beneficiarão da relação. Mas, mesmo nesse caso, o domínio expandido da socialidade é entendido como baseado no interesse individual e em uma análise de custo-benefício que, no fim das contas, remete à lógica natural da proliferação genética.[7]

Em seu livro de 1976, *The Use and Abuse of Biology: An Anthropological Critique of Sociobiology* [O uso e o abuso da biologia: uma crítica antropológica da sociobiologia], o antropólogo Marshall Sahlins salienta que o altruísmo recíproco apresenta um paradoxo não reconhecido para a sociobiologia – e o mesmo argumento pode ser usado quanto à psicologia evolucionista. Ao comentar a concepção de altruísmo recíproco elaborada por Robert Trivers em 1971, Sahlins observa que:

---

5   S. Pinker, *Como a mente funciona*, op. cit., p. 452.
6   Robert L. Trivers, "The Evolution of Reciprocal Altruism". *Quarterly Review of Biology*, v. 46, 1971, pp. 35-57.
7   R. Wright, *The Moral Animal*, op. cit., pp. 190-205; S. Pinker, *Como a mente funciona*, op. cit., pp. 527-31.

Trivers está tão interessado no fato de que, ao ajudar os outros, ajudamos a nós mesmos que esquece que, ao fazê-lo, também beneficiamos competidores genéticos tanto quanto a nós mesmos, de modo que, em todos os movimentos que generalizam um equilíbrio recíproco, nenhuma vantagem *diferencial* (e muito menos otimizada) advém dessa assim chamada atividade adaptativa [...]. Daí a aparente não falseabilidade do argumento: tanto o altruísmo quanto o não altruísmo são benéficos, e portanto "adaptativos" – desde que não se procure descobrir se o ganho se estende a outros organismos.[8]

O paradoxo revela as contradições inerentes à tentativa de explicar as formas e dinâmicas de vida social do ponto de partida do interesse genético individual.

Ainda assim, as narrativas dos psicólogos evolucionistas buscam esclarecer exatamente este problema: como criar o potencial para uma socialidade mais expansiva a partir daquilo a que Robert Wright se refere como "a mesquinhez [que supostamente] permeia nossa linhagem evolutiva".[9] Partindo do cálculo presumido de custo-benefício do interesse genético individual, supõe-se que a lógica "natural" da proximidade genética é traduzida de modo direto nas categorias do parentesco e no comportamento a elas correspondente. Uma vez que a seleção de parentesco e a adaptação inclusiva tornaram evidentes os benefícios do altruísmo entre indivíduos geneticamente assemelhados, passou a ser possível, segundo os psicólogos evolucionistas, estender um altruísmo egoísta a indivíduos sem parentesco genético na forma do altruísmo recíproco.

---

8   Marshall D. Sahlins, *The Use and Abuse of Biology*. Ann Arbor: University of Michigan Press, 1976, p. 87. Grifo do original.
9   R. Wright, *The Moral Animal*, op. cit., p. 200.

É significativo, além disso, que os psicólogos evolucionistas entendam que essas formas de relação social sejam transmitidas não social, mas geneticamente. Em uma passagem notável em que mapeia o movimento a partir da já citada "mesquinhez" original em direção ao desenvolvimento do altruísmo e do altruísmo recíproco, Robert Wright postula uma pletora de genes conforme avança em seu argumento. Wright traça, assim, uma trajetória que passa por "um gene que aconselha os macacos a amarem outros macacos que mamaram nos seios de sua mãe" (o que dificilmente seria um sinal de parentesco genético, como se pode notar, já que mulheres podem dar de mamar a crianças que não são geneticamente próximas a elas!), "genes que direcionam o altruísmo para aleitados" e "genes que levam à prática do altruísmo diante de altruístas". O autor acaba por imaginar que um "gene que retribui gentileza com gentileza poderia assim ter se espalhado através de uma família estendida e, por cruzamento, para outras famílias, nas quais pôde prosperar sob a mesma lógica".[10] Ao pressupor a primazia causal dos genes e rejeitar a centralidade do aprendizado e da criatividade na vida humana, Wright é então forçado a postular essa proliferação bizarra de genes fantasiosos a fim de fabricar explicações sobre as origens da socialidade humana.

No final, é um determinismo genético duplo que dá corpo às explicações dos psicólogos evolucionistas. Eles não apenas imaginam que as formas específicas de relações sociais se desenvolvem *em resposta* às motivações de automaximização genética, mas também afirmam que essas formas de relação social *estão na verdade codificadas* no genoma humano e se disseminam de família em família através do cruzamento. O efeito disso é o apagamento da cultura, já que tanto a criação quanto a transmissão

---

10 Ibid, p. 201.

de visões de mundo e comportamentos culturais são tidas como geneticamente orquestradas.

A POBREZA DO CÁLCULO GENÉTICO

Desse modo, a questão passa a ser em que medida uma teoria desse tipo – que se funda num cálculo de interesse genético individual, numa ideologia do individualismo e num apagamento da cultura como nível independente de análise – pode realmente explicar as diferentes modalidades de parentesco e de relações sociais humanas. Afinal, não é preciso investigar a fundo as evidências empíricas para compreender que em todos os lugares do mundo o parentesco é mediado por compreensões culturais e não pode jamais ser reduzido ao simples resultado de um cálculo genético "natural" e universal.

Já faz muito tempo que Sahlins demonstrou, em *O uso e o abuso da biologia*, que a lógica dos agrupamentos por parentesco – *não importa sob qual forma* – contesta sempre e em qualquer lugar a lógica da automaximização genética e da seleção de parentesco. Mesmo que tomemos como ponto de partida uma ideologia fundada na descendência e que pressuponha uma rede genealógica, é impossível alcançar toda a extensão de agrupamentos por parentesco humanos a partir de um cálculo de proximidade genética. Peguemos como exemplo uma forma comum de delimitação de parentesco em grupos, aquela baseada no princípio da descendência unilinear – no qual a descendência é traçada ou pela linha masculina, a fim de constituir grupos patrilineares, ou pela linha feminina, para constituir grupos matrilineares. Em qualquer dos casos, e considerada a regra da exogamia – que exige que o casamento ocorra fora da linhagem –, alguns parentes geneticamente próximos acabarão sendo colocados em grupos diferentes, enquanto estranhos sob o ponto de vista genético e parentes geneticamente mais afastados acabarão inseridos no mesmo grupo do referente considerado. Como Sahlins observa:

> Com o tempo, os membros da unidade de descendência abrangem uma fração cada vez menor do número total de descendentes genealógicos de um ancestral comum, diminuindo a um fator de ½ a cada geração. Considerada a patrilinearidade, por exemplo, e um número igual de nascimentos masculinos e femininos, metade dos membros de cada geração estarão perdidos em termos de linhagem, já que filhas e filhos de mulheres serão membros da linhagem de seus maridos. [...] ao chegar à terceira geração, o grupo consiste apenas de ¼ de parentes genealógicos do ancestral, e, na quinta geração, de $1/16$, e assim por diante. E, ainda que os descendentes da quinta geração na linha paternal possam ter um coeficiente de relacionamento de $1/256$, todos têm parentes em outras linhagens – os filhos da irmã, os irmãos da mãe, as irmãs da mãe – cujo coeficiente r é igual ou inferior a ¼.[11]

Sahlins estabelece, ainda, que, caso consideremos também a distinção de residência, o descompasso entre formas genéticas e sociais de relacionamento aumenta ainda mais. São os grupos residenciais – que incluem tanto parentes (não importa sob qual definição) como não parentes – que se revelam, na prática, unidades de solidariedade social, de cooperação e de compartilhamento de recursos.[12] Além disso, as formas de residência

---

11 M. D. Sahlins, *The Use and Abuse of Biology*, op. cit., pp. 30-31.
12 Para o argumento de que os grupos residenciais são as unidades efetivas de solidariedade social, ibid., pp. 26-28.

(patrilocal, matrilocal, uxorilocal, virilocal, neolocal) não estão sempre em "harmonia" com as formas de descendência (patrilinear, matrilinear, unilinear dupla, cognática) e podem dispersar os parentes de um mesmo grupo de descendência em agrupamentos residenciais separados.[13]

A questão, desse modo, é que os arranjos sociais das relações de parentesco necessariamente atravessam as linhas genéticas de relacionamento e separam pessoas geneticamente assemelhadas em grupos sociais e residenciais distintos. Como a cooperação e o compartilhamento de recursos são organizados de acordo com esses agrupamentos sociais e residenciais, a lógica das distinções sociais transgride por completo a lógica da automaximização genética e da seleção por parentesco – que presume que um indivíduo deseja gastar recursos em proveito de pessoas geneticamente próximas, e não de parentes distantes ou de estranhos. Essas relações sociais e residenciais – e não as relações genéticas enfatizadas pelos psicólogos evolucionistas – são o que Sahlins chama de "verdadeiros modelos de e para a ação social. Essas determinações culturais de parentesco 'próximo' ou 'distante' [...] representam as estruturas efetivas da sociabilidade nas sociedades em questão, e portanto influenciam de modo direto no sucesso reprodutivo".[14]

Se o argumento no sentido de que é possível transpor relações genéticas para relações sociais de parentesco não funciona em sistemas de parentesco fundados na descendência, funciona ainda menos em sistemas de agrupamentos por parentesco constituídos com base em outros critérios – como troca, trabalho

---

13 Claude Lévi-Strauss, *Estruturas elementares do parentesco* [1949], trad. Mariano Ferreira. Petrópolis: Vozes, 1982, p. 256.
14 M. D. Sahlins, *The Use and Abuse of Biology*, op. cit., p. 25.

ou alimentação.¹⁵ Consideremos as evidências encontradas nas ilhas Tanimbar, onde realizei pesquisas sobre parentesco e casamento por dois anos e meio.¹⁶ Lá, as crianças são alocadas em "casas" não em função do nascimento, mas sim de acordo com um sistema complexo de trocas que acompanha o casamento. Se as trocas foram concluídas, as crianças são alocadas na casa do pai; se não o foram, as crianças são alocadas na casa do irmão da mãe. Assim, uma casa pode incluir um conjunto variado de pessoas que – como resultado do requisito intricado da troca – se afiliaram patrilateralmente (à casa do pai) ou matrilateralmente (à casa do irmão da mãe), que foram adotadas quando crianças ou "levadas" à casa já adultas. Os filhos genéticos "de" alguém podem acabar em casas de outros parentes ou de não parentes, enquanto a casa dessa pessoa pode ser habitada tanto por pessoas sem parentesco quanto por parentes geneticamente distantes.

Janet Carsten, uma das especialistas em parentesco mais proeminentes da antropologia, demonstrou que em Langkawi, na Malásia, o mecanismo para a criação do parentesco relaciona

---

15 Para obras que explorem como diferentes agrupamentos de parentesco são constituídos com base em outros critérios, cf. S. McKinnon, *From a Shattered Sun: Hierarchy, Gender, and Alliance in the Tanimbar Islands*. Madison: University of Wisconsin Press, 1991; Janet Carsten e Stephen Hugh Jones (orgs.), *About the House: Lévi-Strauss and beyond*. Cambridge: Cambridge University Press, 1995; J. Carsten, *The Heat of the Hearth: The Process of Kinship in a Malay Fishing Community*. Oxford: Oxford University Press, 1997; id., *After Kinship*. Cambridge: Cambridge University Press, 2004; Rosemary A. Joyce e Susan D. Gillespie (org.), *Beyond Kinship: Social and Material Reproduction in House Societies*. Philadelphia: University of Pennsylvania Press, 2000; e Sarah Franklin e S. McKinnon (orgs.), *Relative Values. Reconfiguring Kinship Studies*. Durham: Duke University Press, 2001.
16 S. McKinnon, *From a Shattered Sun*, op. cit.

a ideia de sangue à de alimentação: "Ouvi diversas vezes que as pessoas podem tanto nascer com o sangue como adquiri-lo ao longo da vida na forma de comida, que é transformada em sangue pelo corpo [...]. Aqueles que, em uma mesma casa, comem juntos a mesma comida acabam por ter também o mesmo sangue".[17] Desse modo, filhos adotivos (25% das crianças de Langkawi), pessoas que se relacionam por meio do casamento e estranhos se tornam todos parentes daqueles que os alimentam. A alimentação é um meio de transformar estranhos em parentes.

De forma similar, para os Iñupiat do norte do Alasca o parentesco consiste mais no "fazer" do que em qualquer "ser" essencial biológico. Assim como em Langkawi, o parentesco Iñupiat não é uma característica essencial atribuída com o nascimento, mas um processo pelo qual relações são estabelecidas e mantidas através de uma variedade de meios – incluindo o compartilhamento de comida e de ferramentas, além da participação conjunta em eventos políticos e cerimoniais. "O compartilhamento pode ser ao mesmo tempo não calculado e equilibrado", observa Barbara Bodenhorn, "mas não está inativo entre parentes. É *este* trabalho – o trabalho de ser aparentado –, e não o trabalho de dar à luz ou o 'fato' da substância compartilhada, que distingue a esfera da afinidade [kinship] da potencial infinitude do universo de parentes [relatives] que podem ou não ser aceitos."[18] Bodenhorn afirma

---

17 J. Carsten, "Substantivism, Antisubstantivism, and Anti-antisubstantivism", in S. Franklin e S. McKinnon (orgs.), *Relative Values*, op. cit., p. 46. Ver também, da autora: *The Heat of the Hearth*, op. cit.; *Cultures of Relatedness: New Approaches to the Study of Kinship*. Cambridge: Cambridge University Press, 2000; e *After Kinship*, op. cit.
18 Barbara Bodenhorn, "'He Used to be My Relative': Exploring the Bases of Relatedness among Iñupiat of Northern Alaska", in J. Carsten (org.), *Cultures of Relatedness*, op. cit., p. 143. Grifo do original.

que "é de formas bastante curiosas, portanto, que o 'trabalho' faz para o parentesco Iñupiat o que a 'biologia' faz para muitos outros sistemas".[19]

Em seu estudo clássico *American Kinship: A Cultural Account* [Parentesco estadunidense: uma abordagem cultural], o antropólogo David Schneider demonstrou que as relações de parentesco nos Estados Unidos são criadas a partir de uma tensão entre o valor cultural atribuído à relação biológica (definida por substâncias fisiológicas tais como o sangue ou os genes) e o valor atribuído aos códigos comportamentais de conduta (definidos por atributos tais como amor e cuidado).[20] Em geral, o biológico é privilegiado em detrimento do comportamental não apenas como aquilo que constitui o parentesco "de verdade", mas também como o que o distingue de outros tipos de relacionamento. Contudo, há uma série de contextos em que os códigos comportamentais de conduta passam a ser vistos como aquilo que constitui uma relação de parentesco "de verdade". Judith Modell pesquisou as complexidades da relação adotiva nos Estados Unidos tanto entre euro-estadunidenses quanto entre havaianos nativos. Modell explica que é frequente que crianças adotadas que procurem por seus pais biológicos "de verdade" descubram que a parte comportamental das relações de parentesco – os anos morando juntos e construindo um reservatório de experiências comuns e de apego emocional – está ausente e, portanto, que o senso de parentesco também está. Modell conclui que, "quando as pessoas de fato interagiam, a superficialidade de uma relação puramente biológica se tornava aparente", assim

---

19 Ibid, p. 128.
20 Sobre relações de parentesco nos Estados Unidos, ver David M. Schneider, *American Kinship: A Cultural Account* [1968]. Chicago: University of Chicago Press, 1980.

como a necessidade de trabalhar as relações – fossem elas baseadas na biologia ou não –, a fim de torná-las relações de parentesco "de verdade".[21]

Kath Weston observa que o mesmo é válido para gays e lésbicas nos Estados Unidos, para quem "a revelação [de que se é homossexual] se tornou um processo destinado a mostrar a 'verdade' das relações [biológicas] de parentesco", e a rejeição dos pais biológicos evidencia que "a possibilidade de escolha sempre entra na decisão de considerar (ou deixar de considerar) alguém como parente".[22] Gays e lésbicas criam relações de parentesco por escolha, e não pela biologia, ao decidirem formar famílias a partir de relações amorosas ou de amizade. Nesse processo, conforme indica Weston, a lógica operacional muda de uma concepção em que se aceita que é a substância biológica compartilhada – o sangue ou os genes – que faz com que o parentesco resista e perdure para uma noção que afirma que é o parentesco em si que resiste e perdura. O que torna o parentesco verdadeiro é o seu "fazer", e não a existência de laços genéticos.[23]

Existe, portanto, uma série de critérios usados pelos humanos para constituir agrupamentos de parentesco. Enquanto alguns privilegiam qualidades essenciais de "ser" como aquelas que tornam um parentesco "verdadeiro", outros privilegiam as

---

21 Judith S. Modell, *Kinship with Strangers: Adoption and Interpretations of Kinship in American Culture*. Berkeley: University of California Press, 1994, pp. 164, 166. Ver também id., "Rights to Children: Foster Care and Social Reproduction in Hawai'i", in S. Franklin e Helena Ragoné (orgs.), *Reproducing Reproduction: Kinship, Power, and Technological Innovation*. Philadelphia: University of Pennsylvania Press, pp. 156-72.
22 Kath Weston, *Families We Choose: Lesbians, Gays, Kinship*. New York: Columbia University Press, 1991, p. 73.
23 Ibid., p. 101.

qualidades do "fazer" e do "criar". Em ambos os casos, aquilo em que consistem as qualidades relevantes do ser ou do fazer varia de sociedade para sociedade. As qualidades essenciais do "ser" podem se relacionar ao sangue e aos ossos, à carne e ao espírito, ao sêmen e ao leite materno ou à genética como informação codificada. As qualidades do "fazer" e do "criar" podem ser moldadas a partir da troca, da alimentação, do trabalho com a terra, do apadrinhamento ritual ou do sacrifício religioso.

É claro que alguém sempre poderá dizer, como Pinker o faz, que todos sabemos quem são nossos parentes "de verdade" e, desse modo, fazemos as discriminações apropriadas em termos de criação [*nurturance*], altruísmo e alocação de recursos diferenciados.[24] Mesmo que concordemos com uma distinção desse tipo, é evidente no entanto que os padrões de criação, altruísmo e alocação de recursos são resultado de classificações de relações de parentesco culturais e particulares e de entendimentos culturais específicos sobre comportamentos de parentesco apropriados. Essas classificações e entendimentos nunca são meros reflexos das relações genéticas e da automaximização e, além disso, possuem implicações significativas para o sucesso reprodutivo que são incompatíveis com os argumentos dos psicólogos evolucionistas.

O que os psicólogos evolucionistas fizeram foi reduzir um sistema mediado por conteúdos simbólicos e culturais àquilo que consideram ser um sistema natural e sem mediação pela cultura. Contudo, a diversidade de entendimentos culturais sobre o parentesco e a variedade de formações de parentesco não pode ser explicada como um sistema natural que opera a partir de um cálculo genético fixo. O extenso registro antropológico nos mostra que aquilo que conta como parentesco varia de uma cul-

---

24 S. Pinker, *Como a mente funciona*, op. cit., pp. 453, 460-61.

tura a outra, não pode ser tomado como um pressuposto e, certamente, não pode ser lido de forma direta a partir de alguma realidade biológica fundamental. Pinker descreve a afirmação de antropólogos culturais de que o parentesco pode ser criado a partir de outras coisas para além das relações genéticas como um "mito", de que zomba como "uma doutrina oficial" daqueles a que chama de "defensores da tábula rasa".[25] Ainda assim, sua afirmação não tem valor de prova. As evidências empíricas mostram com clareza que pessoas ao redor do mundo formam relações de parentesco com base não apenas em entendimentos culturalmente específicos sobre substâncias físicas (que podem ou não coincidir com nosso entendimento sobre genética), mas também a partir de uma grande quantidade de outros critérios. Por todo o planeta, as categorias de parentesco seguem lógicas culturais específicas e que sempre excedem e escapam dos limites de qualquer cálculo supostamente universal das relações genéticas. Ideias sobre procriação e morte, substância e conduta, níveis hierárquicos e alianças, cuidado e afeto, casamento e troca, lei e ritual são igualmente relevantes para a definição daquilo em que consiste um parente e determinam quem conta como tal e para quem. Uma teoria do parentesco fundada no pressuposto de que há uma relação direta entre a "realidade" genética e as categorias sociais de parentesco é incapaz de explicar uma multiplicidade de outras realidades de parentesco, tais como as que acabamos de ver. E são essas realidades mediadas pela cultura – e não alguma relação "objetiva" imaginária entre pessoas – que moldam as estruturas de exclusão e inclusão, de interesse e de reciprocidade, além das modalidades de comportamento que constituem as variantes de parentesco encontradas em todos os continentes.

25 Ibid., p. 460.

A POBREZA DO INTERESSE **INDIVIDUAL**

Como os psicólogos evolucionistas caracterizam o social como um subproduto do individualismo genético e do interesse individual, a conclusão inescapável é a de que as relações de parentesco – e as relações sociais de maneira mais ampla – devem ser vistas como restritivas, e não expansivas. Ou seja, a fim de incentivar a proliferação de nosso próprio legado genético, precisamos limitar o "investimento" de recursos àqueles que estão mais próximos de nós, e não gastá-los com pessoas sem parentesco genético ou cujo vínculo conosco é distante.

Contudo, o que sabemos sobre as relações de parentesco é que muitas vezes são criadas e mantidas com o objetivo preciso de *estabelecer e multiplicar* redes de relacionamentos sociais, econômicos e políticos, e não para restringi-las. Em outras palavras, as pessoas gastam de bom grado recursos com parentes distantes e com pessoas desconhecidas justamente a fim de *trazê-las* para uma rede de relações sociais *que é constituída como relação de parentesco*. O prestígio social é resultado não da restrição das relações de parentesco e da acumulação de recursos para si mesmo e para seus parentes mais próximos, mas da expansão das redes de parentesco e da dispersão de recursos ao longo de uma grande quantidade de relações sociais. A lógica econômica dessas noções expansivas de parentesco desafia os pressupostos econômicos neoliberais que estão no âmago da psicologia evolucionista, já que o gasto sistemático de recursos com estranhos e com parentes distantes – em um esforço para torná-los pessoas próximas – contesta a lógica da maximização genética que é a marca da genética neoliberal.

Um exemplo particularmente instrutivo dessa compreensão expansiva do parentesco pode ser encontrado na instituição da coparentalidade ritual (em espanhol, *compadre-comadre*) que floresceu na Europa entre o século IX e a época da Reforma Protestante e continua a existir (sob a rubrica do *compadrazgo* [compadrio]) na América Latina. Na prática católica, o compadre age como padrinho de uma criança que será iniciada na religião. O relacionamento é construído a partir de uma analogia entre a paternidade espiritual e biológica e a ideia do renascimento espiritual, constituindo a "base para a formação das relações de parentesco ritual através do mecanismo do apadrinhamento no batismo".[26] Sidney Mintz e Eric Wolf observam que, para além do ritual original de batismo, os rituais que exigem a presença de compadres aumentaram de forma drástica do século IX em diante, assim como houve um crescimento do número de padrinhos e de participantes (até trinta apenas no batismo), que, a partir de então, se tornam corresponsáveis pela criança e passam a ser parentes do pais que passaram pelo ritual. Ainda que não seja baseada naquilo a que os psicólogos evolucionistas chamariam um parentesco "de verdade", essa instituição produz, no entanto, efeitos bastante concretos em termos de definição do universo de relações de parentesco. Aqueles que são ligados pelas amarras da parentalidade ritual são incluídos no enquadramento do tabu do incesto e, desse modo, devem se casar de forma exogâmica – ou seja, fora dos laços das relações de parentesco tanto biológicas quanto rituais. O efeito desse tabu é considerável: "o grupo do incesto, seja biológico ou ritual,

---

26 Sidney W. Mintz e Eric R. Wolf, "An Analysis of Ritual Co-parenthood (compadrazgo)" [1950], in Paul Bohannan e John Middleton (orgs.), *Marriage, Family, and Residence*. Garden City: The Natural History Press, 1968, p. 329.

foi expandido para abarcar sete graus de relacionamento".[27] Além disso, o relacionamento envolve recursos materiais e espirituais, e "os pais buscam conquistar vantagens materiais para seus candidatos batismais através da escolha de padrinhos".[28] Essa instituição não só expande as redes de parentesco e de troca material para além daquelas do parentesco biológico, mas também tende a subordinar "a comunidade de sangue à comunidade de fé" e a privilegiar as obrigações do parentesco espiritual em detrimento daquelas do parentesco biológico.[29] Como Edward B. Tylor escreveu sobre o tema com relação ao México do século XIX, "um homem capaz de trair o próprio pai ou o próprio filho se manterá fiel a seu compadre".[30]

É fundamental entender que, ainda que tenha trazido benefícios sociais e materiais significativos durante a era feudal – ao unir pessoas tanto horizontal como verticalmente no interior da hierarquia social –, a instituição do parentesco ritual foi submetida a uma série de críticas e terminou muito reduzida com a reforma protestante e com o início do capitalismo industrial. Como Mintz e Wolf argumentam, uma

---

27 Ibid., p. 331.
28 E. Henninger, *Sitten und Gebräuche bei der Taufe und Namengebung in der Altfranzösischen Dichtung* (Halle / Wittenberg: Vereinigten Friedrichs-Universität, 1891), apud S. W. Mintz e E. R. Wolf, "An Analysis of Ritual Co-parenthood (compadrazgo)", op. cit., p. 335.
29 Bernhard Kummer, "Gevatter" (in *Handwörterbuch des Deutschen Aberglaubens*, v. 3. Berlin: Walter de Gruyter, 1931), apud S. W. Mintz e E. R. Wolf, "An Analysis of Ritual Co-Parenthood (Compadrazgo)", op. cit., p. 333.
30 Edward Burnett Tylor, *Anahuac, Or Mexico and the Mexicans, Ancient and Modern* (London: Longman, Green, Longman and Roberts, 1861), apud S. W. Mintz e E. R. Wolf, "An Analysis of Ritual Co-parenthood (compadrazgo)", op. cit., p. 328.

nova ética passaria a dar um grande valor ao indivíduo como acumulador efetivo do capital e da virtude e acabaria por censurar o desperdício de recursos individuais e as restrições da liberdade individual que estavam implícitas na grande variedade de laços de parentesco ritual. Como resultado, o mecanismo do compadre desapareceu quase completamente das áreas que testemunharam o desenvolvimento do capitalismo industrial, a ascensão de uma classe média forte e o desaparecimento das relações de propriedade feudais e neofeudais.[31]

Como resultado da influência crescente do protestantismo e de outras ideologias individualistas e de acumulação de capital, também as formas contemporâneas de relação de compadrio estão sob ataque na América Latina.

Isso nos leva à conexão entre as ideologias culturais de parentesco e a economia. Regimes restritivos de parentesco – organizados segundo os valores da proximidade biológica, do individualismo e da acumulação capitalista – emergiram sob circunstâncias históricas e culturais específicas, e não em função de uma lógica genética natural e universal. Em sociedades não industriais e não capitalistas, por outro lado, as relações de parentesco são com frequência expansivas, e não restritivas. Estranhos se tornam parentes (e estabelecem formas apropriadas de atenção, cuidado e solicitude) a fim de criar e de expandir relações sociais.

Tomemos como exemplo os Nuer, na era anterior à recente guerra civil no sul do Sudão. A atribuição de prestígio a um homem por sua passagem à categoria de "touro" dependia de um movimento duplo. De um lado, era comum que irmãos

---

[31] S. W. Mintz e E. R. Wolf, "An Analysis of Ritual Co-parenthood (compadrazgo)", op. cit., p. 339.

(geneticamente próximos) mais velhos e mais novos, bem como meios-irmãos, seguissem caminhos separados a fim de estabelecer posições independentes uns dos outros. De outro lado, qualquer homem que desejasse se tornar um touro e estabelecer uma posição de poder o fazia através da reunião de uma grande quantidade de dependentes a ser composta de homens de outras linhagens, tribos ou grupos étnicos, inseridos no grupo por adoção ou casamento. Desse modo, parentes próximos muitas vezes estavam separados, enquanto as relações de parentesco e de prestígio eram forjadas com estranhos que acabavam por se tornar parentes através da residência comum, do compartilhamento de recursos e/ou do casamento.[32]

De modo semelhante, homens que ocupam as casas da nobreza nas ilhas Tanimbar se cercam de homens provenientes de casas plebeias com quem não têm relação de parentesco biológico e a quem se afiliam "em uma relação de irmão mais velho e irmão mais novo em que todos se tratam bem" (*ya'an iwarin simaklivur*). Os membros dessas casas da nobreza e dessas casas plebeias são geneticamente estranhos uns aos outros e se distinguem dos "irmãos mais velhos e mais novos de verdade". Mas isso não quer dizer que estejam *menos* obrigados a se comportar de formas apropriadas ao parentesco; pelo contrário, isso significa que estão *mais* obrigados a fazê-lo. Como o relacionamento

---

[32] Edward Evan Evans-Pritchard, *The Nuer: A Description of the Modes of Livelihood and Political Institutions of a Nilotic* People (Oxford: Oxford University Press, 1940, p. 216) e *Kinship and Marriage among the Nuer* (Oxford: Oxford University Press, 1951, pp. 142-43); Sharon Hutchinson, "Changing Concepts of Incest among the Nuer". *American Ethnologist*, v. 12, 1985, p. 635; e S. McKinnon, "Domestic Exceptions: Evans-Pritchard and the Creation of Nuer Patrilineality and Equality". *Cultural Anthropology*, v. 15, n. 1, 2000, pp. 35-83.

existe graças a, e apenas em função de, um entendimento convencionado de que há uma obrigação mútua de "se tratar bem", essa é uma relação de parentesco que, caso se pretenda que exista, deve ser realizada através de atos explícitos e constantes de cuidado e de solicitude. Na verdade, são justamente esses atos de cuidado, de solicitude e de alocação de recursos que fazem com que o relacionamento se transforme em parentesco.[33]

Da perspectiva da psicologia evolucionista (e dos regimes ocidentais de individualismo genético e de acumulação capitalista), a aplicação de recursos em pessoas estranhas ou geneticamente distantes é vista, na pior das hipóteses, como um "desperdício" de herança tanto genética quanto econômica e, no melhor dos casos, como um estratagema egoísta de altruísmo recíproco. Da perspectiva de sociedades em que o individualismo genético e a acumulação capitalista não são vigentes, a aplicação de recursos em estranhos ou parentes distantes é a própria essência da sociedade e da hierarquia social. Ela é vista, de fato, como uma condição necessária à criação da vida e do bem-estar.

Não é que essas sociedades não reconheçam comportamentos radicalmente automaximizadores. Pelo contrário, esses comportamentos são muitas vezes identificados como práticas de bruxaria. Bruxas são pessoas que agem para restringir as próprias relações sociais e para acumular recursos em interesse próprio. Os valores que informam a abordagem da psicologia evolucionista sobre a vida social seriam considerados, do ponto de vista dessas sociedades, como um manifesto a favor de uma sociedade de bruxas. Em suma, muitas outras sociedades valorizam mais os relacionamentos sociais do que os individuais, a troca do que a automaximização e as relações expansivas do que as restritivas.

33   S. McKinnon, *From a Shattered Sun*, op. cit., pp. 100-01, 269-70.

Essas evidências deveriam nos alertar para o fato de que culturas diferentes constituem e valorizam o indivíduo, a sociedade e as modalidades socioeconômicas que os relacionam de formas bastante variadas, assim como para a constatação de que seus tipos de relacionamento não podem ser pressupostos. Os psicólogos evolucionistas desqualificariam relatos sobre culturas em que as relações sociais e rituais são privilegiadas em detrimento da automaximização individual – seja ela econômica ou genética – como meros delírios daquilo que Pinker classifica como "os intelectuais" (com a aparente reivindicação para si do posto de "anti-intelectual").

Esse descarte fundamentalista de outras realidades humanas permite que os psicólogos evolucionistas se valham de um entendimento culturalmente específico sobre a natureza do parentesco e das relações sociais – um entendimento que surgiu sob as condições históricas do capitalismo incipiente e que continua a ser constituído, hoje, pelos valores econômicos neoliberais – e o transformem em um universal transcultural. As evidências deixam claro, no entanto, que não se trata de um universal transcultural, e sim de um ponto de vista culturalmente específico – um ponto de vista cuja universalidade pressuposta pelos psicólogos evolucionistas se revela como ignorância quanto às variedades da socialidade humana.

O FUTURO DA **CLONAGEM**

Sob uma perspectiva moldada pela genética neoliberal, a clonagem é um sonho que se torna realidade. Como forma de reprodução que não exige contribuições genéticas de ninguém mais a não ser do sujeito a ser clonado, ela possibilita a maximização do legado genético ao bel-prazer do indivíduo. Encerrarei esta seção sobre o indivíduo e a sociedade com a análise do texto

"The Demand for Cloning" [A demanda pela clonagem], que imagina o futuro mercado econômico da clonagem a partir do ponto de vista da genética neoliberal dos psicólogos evolucionistas. Farei isso por algumas razões. Primeiro, esse texto avança mais um passo – e que talvez seja o último – em imaginar a dissolução da sociedade na competição genética individual guiada pela mão invisível das forças capitalistas de mercado. Segundo, é um exemplo excelente do intercâmbio dialético de metáforas biológicas e econômicas que há mais de um século vem caracterizando os campos das teorias tanto da evolução quanto econômica, de modo que cada uma delas reflita, apoie e justifique os pressupostos da outra. Terceiro, ele oferece uma indicação de quão influentes a sociobiologia e a psicologia evolucionista se tornaram para o desenvolvimento de uma grande variedade de outros campos acadêmicos e práticos – como o da pesquisa na área do direito. E, por último, é um exemplo fascinante de como uma visão do passado dá corpo a possibilidades futuras.

Tão logo a clonagem se mostrou uma possibilidade prática e tecnológica concreta, seu significado para o sistema de genética neoliberal foi imediatamente trabalhado nesse artigo que, publicado no volume *Clones and Clones* sob o título "A demanda pela clonagem", foi escrito por Posner e Posner – isto é, Richard A. Posner e seu filho, Eric A. Posner, que, como o pai, é professor de direito na Universidade de Chicago. Richard Posner, o pai, foi descrito pela *The New Yorker* como "o mais implacável e contestador dos teóricos legais de sua geração [...] juiz do Tribunal de Apelação da 7ª Região [...] [e] um dos juristas mais poderosos do país, atrás apenas dos integrantes da Suprema Corte".[34]

---

[34] Larissa MacFarquhar, "The Bench Burner". *The New Yorker*, 10 dez. 2001, p. 78.

O Posner mais velho é um defensor proeminente da aplicação da teoria econômica neoliberal, assim como da sociobiologia e da psicologia evolucionista, como forma de resolução de questões relacionadas à lei e à jurisprudência.[35] Assim, talvez não seja nenhuma surpresa que tenha sido atraído à clonagem como matéria através da qual poderia explorar a inter-relação entre as teorias da biologia e da economia.

A partir do pressuposto básico da psicologia evolucionista de que o propósito da vida humana está na automaximização genética, os Posner postulam que seria razoável esperar a descoberta de uma "preferência evoluída" – ou seja, uma preferência originada no que se supõe ser o ambiente de adaptação evolutiva original do Pleistoceno – que favoreça dois multiplicadores genéticos de alto rendimento: a clonagem e a doação de esperma (mas não a doação de óvulos, é claro!). Com assombrosa acuidade legal, no entanto, os autores chegam à seguinte conclusão sobre por que não há uma corrida generalizada para a clonagem de si ou para a doação de esperma: "Como não havia bancos de esperma no período em que os seres humanos evoluíram para seu estágio atual, a propensão a doar para esse tipo de banco nunca se desenvolveu. Do mesmo modo, não há uma propensão inata à clonagem [...]".[36] Os Posner se consolam com a observação de que – ao contrário de nossa aversão a cobras, que presumem ter se desenvolvido na presença dos répteis pré-históricos –

---

35 Sobre a aplicação da teoria econômica neoliberal, da sociobiologia e da psicologia evolucionista ao direito, cf., por exemplo, Richard A. Posner, *The Economics of Justice*. Cambridge: Harvard University Press, 1981; id., *Sex and Reason*. Cambridge: Harvard University Press, 1992.

36 R. A. Posner e Eric A. Posner, "The Demand for Cloning", in Martha C. Nussbaum e Cass R. Sunstein, *Clones and Clones: Facts and Fantasies about Human Cloning*. New York: W. W. Norton, 1998, p. 236.

também não se poderia ter desenvolvido nenhuma *aversão* nem à doação de esperma nem à clonagem, dada a ausência de ambas no Pleistoceno. Essa, como reconhecem, é uma circunstância favorável aos futuros da clonagem.

A teoria de que a vida humana existe para maximizar a perpetuação de genes egoístas é resgatada por uma segunda suposição: a de que as linhas de parentesco seguem um cálculo de proximidade genética. Se esse cálculo não é favorecido por uma preferência inata e evoluída pela clonagem como tal, esta é favorecida por uma suposta tendência inata e evoluída ao narcisismo.

> Essa tendência narcisista, que consideramos evoluída, e não aculturada, dada sua universalidade e sua importância para a aptidão reprodutiva – já que é improvável que pessoas que não possuem uma forte preferência por suas próprias crianças tenham muitos descendentes –, tende a fazer com que algumas pessoas, talvez muitas delas, desejem cópias genéticas perfeitas de si mesmas [...]. Tal preferência seria uma extensão lógica da tendência bem documentada das espécies animais e das comunidades humanas primitivas a ajudar seus parentes de modo proporcional à fração de genes compartilhados. Essa proporção chega a 100% em clones e em gêmeos idênticos.[37]

O mais distanciados possível de uma teoria da vida social fundada na troca, os Posner criam uma vida social a partir do narcisismo puro e do interesse genético individual.

A fim de responder à questão central – "por que compartilhar genes, se nada nos força a isso?"[38] –, os Posner fazem uma

---

37 Ibid., p. 236-37.
38 Ibid., p. 237.

terceira suposição: a de que há genes "bons" e "ruins", que, além disso, são de uma obviedade transparente, podem ser lidos e não são dificultados por fatores ambientais. Em seu primeiro modelo, "genes bons [...] são positivamente correlacionados com o sucesso mundano"[39], o que para eles quer dizer riqueza. Na verdade, os Posner organizaram uma hierarquia genética que se estende dos "genes bons", no topo, até os "genes ruins", na base. Ainda que, em seu primeiro modelo, genes bons e ruins equivalham apenas a mais ou menos riqueza, nos refinamentos subsequentes do modelo os legados genéticos e financeiros foram separados e colocados em articulação uns com os outros. O problema passa então a ser como maximizar a posição de alguém nessa hierarquia – pela acumulação dos genes bons (e da riqueza) de alguém, pela troca de riqueza pelo aprimoramento do legado genético ou pela troca de legados genéticos bons por riqueza.

Uma vez que se postule uma disjunção entre riqueza e genética, passa a ser impossível *aprimorar* um legado pessoal em qualquer dos indicadores que seja sem que se recorra ao casamento e/ou à reprodução sexual. Desse modo, os Posner argumentam que o casamento e a reprodução sexual "serão particularmente atraentes para pessoas cujo sucesso na vida exceda aquilo que seria previsível pelo conhecimento de seu legado genético [ainda que o modo pelo qual alguém poderia vir a conhecer esse legado permaneça obscuro]. Essas pessoas podem 'comprar' os genes superiores de uma esposa com os recursos financeiros ou o prestígio social que são fruto de seu sucesso no mundo".[40] Mas isso também funcionaria no sentido oposto.

39 Ibid., p. 238.
40 Ibid., p. 237.

"Pessoas com bons genes mas pouca riqueza procurariam 'trocar' seus genes por dinheiro a fim de obter os recursos para sustentar sua prole e para provê-la financeiramente, enquanto pessoas ricas com genes pobres buscariam trocar seu dinheiro por genes."[41] Então, nesses pontos da hierarquia em que riqueza financeira e genética divergem, o casamento e/ou a reprodução sexual seriam apropriados, enquanto nos pontos dessa hierarquia imaginária em que as riquezas financeira e genética estivessem alinhadas haveria uma demanda pela clonagem. Os Posner afirmam que a clonagem "beneficiaria principalmente as mulheres ricas e com bons genes e, em menor grau, homens ricos com bons genes. Seria de se esperar, portanto [...] um crescimento na concentração de riqueza e de características hereditárias altamente desejáveis no topo da distribuição desses bens e menos casamentos [nesse topo]".[42]

No entanto, há outras razões, para além da troca de vantagens genéticas e financeiras, pelas quais as pessoas buscariam se casar, de acordo com os Posner. As pessoas talvez queiram compartilhar, e não conservar seu legado genético, já que esse é o "preço do casamento". Ou seja, se você "valoriza muito o casamento ou um tipo específico de parceiro para o casamento", "você será obrigado a dar a seu cônjuge uma parte dos genes dos 'seus' filhos".[43] Ou alguém pode querer trocar ou "vender" o próprio legado genético a fim de garantir que o "altruísmo" do cônjuge o faça cuidar dos filhos. Eis o problema: se cada um dos cônjuges em um casal fizesse um clone de si mesmo, o parceiro não teria relação de parentesco com as crianças a serem geradas.

---

[41] Ibid., p. 244.
[42] Ibid., p. 247.
[43] Ibid., p. 238.

Se admitirmos, como os Posner o fazem, que o comportamento de parentesco é incentivado apenas de modo proporcional à proximidade genética, então "cada cônjuge pode ter dificuldades em pensar em si mesmo como o pai ou a mãe de ambas as crianças; com isso, essa clonagem dupla pode não resultar em um vínculo duplo de parentesco".[44] Isso seria diferente sob o regime de reprodução sexual (ressalte-se a menção ao gênero do agente):

> O homem que "vende" à esposa uma fração ideal do patrimônio genético de "seus filhos" recebe em retorno mais do que alguém que aceita ter uma parte (talvez a parte do leão) na criação das crianças. Ele ganha uma criadora de crianças que tem uma *motivação* superior para fazer um bom trabalho em função exatamente do vínculo genético. O altruísmo é um substituto para os incentivos de mercado, e o homem pode se aproveitar desse substituto ao dar à esposa uma participação genética em seus filhos.[45]

Ignoremos que o altruísmo, nessa passagem, parece substituir os incentivos de mercado apenas com relação às mulheres, ou, ainda, que, pelo menos nos Estados Unidos, é improvável que uma mulher que "venda" a seu marido uma fração ideal do patrimônio genético dos filhos "dela" receba em troca uma parte justa (quanto mais a parte do leão) na criação dos filhos. De qualquer modo, é difícil ver essa forma particular de altruísmo como um substituto para incentivos de mercado, já que sua produção se dá pela compra e venda de filhos entre cônjuges.

---

44 Ibid., p. 249.
45 Ibid., p. 249-50, grifo do original.

Para os Posner, a hierarquia social (medida em riqueza) deveria ser resultado da hierarquia genética; mas, quando isso não acontece, ela é gerada através de um cálculo de trocas de automaximização que procura melhorar a posição de alguém na hierarquia do valor genético e financeiro. O casamento constitui um laço social extremamente fraco que mal é capaz de manter duas pessoas unidas, e só o faz sob a condição de que essas pessoas "vendam" uma para a outra a participação de seu futuro genético nos "próprios" filhos. A explicação dos Posner sobre as dinâmicas de mercado que, segundo imaginam, determinarão os futuros da clonagem permite que a organização dos valores neoliberais da psicologia evolucionista – narcisismo egoísta, maximização genética e econômica e dissolução da vida social em mecanismos de mercado – se revele com uma clareza estonteante.

A abordagem dos Posner sobre a clonagem oferece o exemplo mais recente do intercâmbio metafórico entre os campos da biologia e da economia.[46] Desde os primórdios da teoria evolutiva, o interesse individual econômico tem sido uma metáfora essencial para a concepção das relações biológicas de evolução e da competição no âmago da seleção natural. Sahlins cita uma carta que Karl Marx escreveu para Friedrich Engels, na qual observa: "É digno de nota como Darwin reconhece sua própria sociedade inglesa em feras e em plantas, com sua divisão do trabalho [leia-se, diversificação], competição, abertura a novos mercados [nichos], 'invenções' [variações] e a 'luta pela existên-

---

[46] Para uma abordagem histórica da dialética desse intercâmbio de metáforas entre a biologia e a economia, ver M. D. Sahlins, *The Use and Abuse of Biology*, op. cit., pp. 93-107.

cia' malthusiana".⁴⁷ Uma vez que essas propensões econômicas tenham sido naturalizadas pelos processos biológicos da seleção natural, passa a ser possível reimportá-las como fenômenos universais naturais para validar as estruturas das relações econômicas. Sahlins sintetiza o intercâmbio dialético desta forma: "Desde o século XVII parecemos estar presos a um círculo vicioso em que alternamos entre a aplicação do modelo da sociedade capitalista ao reino animal e a reaplicação desse reino animal aburguesado à interpretação da sociedade humana".⁴⁸

Quando os Posner leem as relações sociais e de parentesco nas figurações futuristas da clonagem, as duas linhas já há muito emaranhadas das analogias bioeconômicas se fundem de modo mais profundo. Aqui, a maximização racional do interesse econômico individual é inseparável daquela do interesse genético individual, e as duas estão subordinadas à mão invisível do mercado e da seleção natural, esta última configurada como reflexo biológico da primeira. No final, a sociedade se dissolve em mecanismos de mercado; e as relações sociais – na medida em que possam de fato existir – emergem como resultado de um cálculo genético que está interessado apenas na maximização do eu e em seus quase indistinguíveis legados econômico e genético.

Esse tipo de narrativa neoliberal bioeconômica de nosso passado evolutivo e de nossa natureza contemporânea – produto de uma longa história de intercâmbios metafóricos – oferece a lupa cultural através da qual nossos futuros possíveis são

---

47   Ibid., p. 101; as glosas entre colchetes são de Sahlins. Ver também Daniel P. Todes, *Darwin without Malthus: The Struggle for Existence in Russian Evolutionary Thought*. New York: Oxford University Press, 1989.
48   M. D. Sahlins, *The Use and Abuse of Biology*, op. cit., p. 101.

visualizados. As limitações dessa visão não são um artefato da natureza – isto é, não são determinadas por preferências inatas ou pela lógica da genética e da seleção natural. Em vez disso, elas são um artefato da cultura, produzidas no contexto da uma dominação cultural crescente dos valores econômicos neoliberais e de seus reflexos no individualismo genético da psicologia evolucionista.

3
SEXO E GÊNERO

Se a premissa básica da automaximização genética não se sustenta diante da investigação empírica da diversidade das formações humanas de parentesco, então o que devemos pensar sobre os supostos mecanismos psicológicos universais que, segundo os psicólogos evolucionistas, dão forma à psique evoluída dos homens e das mulheres?

Os psicólogos evolucionistas partem de duas suposições inter-relacionadas sobre a assimetria de gênero nos investimentos reprodutivos. De um lado, como o investimento reprodutivo masculino pode se concretizar em um tempo relativamente curto, presume-se que o sucesso reprodutivo dos homens seja limitado pela capacidade de acesso ao maior número possível de fêmeas férteis e de garantia da paternidade das crianças nas quais efetivamente invistam no longo prazo. De outro, como os investimentos reprodutivos femininos se concretizam em um tempo relativamente longo, o sucesso reprodutivo das mulheres é limitado pela capacidade de acesso a homens que disponham de recursos suficientes para sustentar uma prole pequena. Segundo os psicólogos evolucionistas, essa assimetria básica de investimentos reprodutivos resultou em problemas adaptativos distintos para os homens e para as mulheres do Pleistoceno. Esses problemas foram solucionados graças ao desenvolvimento de mecanismos psicológicos que, embora específicos a cada conteúdo e para cada gênero, são tanto universais quanto inatos.

Nesta seção, não pretendo me alongar no atoleiro da superabundância de preferências psicológicas específicas propostas pelos psicólogos evolucionistas. Em vez disso, buscarei analisar três supostos universais que formam os pré-requisitos lógicos para a existência dessas preferências: o de que são os homens que detêm o controle dos recursos e o de que tanto a "dupla moral" sexual quanto a atribuição da propriedade das mulheres aos homens são condições naturais e inatas. Será que a evidência empírica fundamenta a universalidade dessas afirmações? Em caso negativo, toda a arquitetura dos módulos psicológicos começará a ruir, e então precisaremos questionar a pertinência desses supostos universais.

RASTREANDO OS RECURSOS

Como vimos anteriormente, os psicólogos evolucionistas, munidos da engenharia reversa, contaram uma narrativa da origem da humanidade que pretende estabelecer uma preferência universal feminina por machos que disponham de recursos. O que é problemático nesse enredo não é a suposição de que as mulheres possam preferir se casar com homens capazes de contribuir de forma positiva com os recursos sociais e econômicos de uma unidade de parentesco, ainda que dificilmente precisemos recorrer a mecanismos inatos para explicar preferências como essa. O que é de fato problemático é a suposição de que, não importa onde ou quando, os recursos fundamentais sempre são controlados por homens. Wright, por exemplo, limita-se a afirmar, sem a apresentação de evidências, que, "durante a evolução humana, os machos controlaram a maior parte dos recursos materiais".[1] O corolário problemático disso é a suposição de que são as mulheres, e não os homens, que estão preocupadas com os recursos sociais e econômicos com que seus cônjuges podem contribuir para a unidade de parentesco. Uma perspectiva como essa ignora o fato de que, em todas as sociedades, homens e mulheres estão inseridos em uma divisão do trabalho por gênero na qual a totalidade das tarefas produtivas e reprodutivas é dividida entre eles de formas específicas e complementares.

Como já foi documentado por historiadores, é verdade que, desde o final do século XVIII, houve uma separação entre o domínio produtivo do trabalho e o domínio reprodutivo da unidade doméstica – isto é, entre as esferas dos homens e das mulheres – nas classes média e alta das sociedades industriais do Ocidente. Mas esse processo marcou uma transformação na estrutura familiar. Durante o período colonial dos Estados Unidos, por exemplo, os domínios da família e da comunidade, da casa e do trabalho, da reprodução e da produção não estavam separados nem funcional nem ideologicamente.[2] "Suas estruturas, seus valores orientadores, seus propósitos internos", afirma o historiador John Demos, "eram, em essência, os mesmos."[3] Isso mudou de forma drástica com a Revolução Industrial, quando se estabeleceu uma separação

---

1   Robert Wright, *The Moral Animal: The New Science of Evolutionary Psychology*. New York: Vintage Books, 1994, p. 105.
2   Sobre o desenvolvimento histórico da separação entre os domínios produtivo e reprodutivo nos Estados Unidos, ver Stephanie Coontz, *The Way We Never Were*. New York: Basic Books, 1992; John Demos, *Past, Present, Personal*. New York: Oxford University Press, 1986; Michael Grossberg, *Governing the Hearth*. Chapel Hill: University of North Carolina Press, 1985; Steven Mintz e Susan Kellogg, *Domestic Revolutions*. New York: Free Press, 1988; Janet L. Dolgin, *Defining the Family*. New York: New York University Press, 1997.
3   J. Demos, *Past, Present, Personal*, op. cit., p. 28.

nítida entre a casa e o trabalho, a reprodução e a produção. Cabe ressaltar que o que os estadunidenses entendem hoje como os "valores tradicionais da família" são resultado dessa transformação histórica e, mais ainda, que esse desenvolvimento histórico em particular não reflete nem a variedade contemporânea nem a histórica da divisão do trabalho nas diferentes culturas.[4]

Na maior parte das sociedades, a totalidade das tarefas produtivas tem sido, e continua a ser, dividida entre os gêneros de forma que cada um dependa do outro para a obtenção do conjunto total de recursos necessários para seu próprio sustento. Como consequência disso, homens e mulheres estão em igual desvantagem, a não ser que sejam membros de uma unidade produtiva que inclua as duas partes da divisão do trabalho por gênero. A suposição de que o investimento parental faz com que apenas as mulheres, e não os homens, dependam do trabalho produtivo e dos recursos de seus cônjuges acaba por se caracterizar como um grave erro de interpretação da estrutura de gênero

---

4 Sobre a divisão do trabalho por gênero, assim como sua relação com a (des)igualdade de gênero, ver Karen Sacks, "Engels Revisited: Women, The Organization of Production, and Private Property", in Michelle Zimbalist Rosaldo e Louise Lamphere (orgs.), *Women, Culture, and Society*. Stanford: Stanford University Press, 1974, pp. 207-22; Peggy Reeves Sanday, "Female Status in the Public Domain", in M. Z. Rosaldo et al. (orgs.), *Women, Culture, and Society*, op. cit., pp. 189-206; id., *Female Power and Male Dominance: On the Origins of Sexual Inequality*. Cambridge: Cambridge University Press, 1981; Ernestine Friedl, *Women and Men: An Anthropologist's View*. New York: Holt, Rinehart, and Winston, 1975; Alice Schlegel (org.), *Sexual Stratification: A Cross-Cultural View*. New York: Columbia University Press, 1977; e Alice H. Eagly e Wende Wood, "The Origins of Sex Differences in Human Behavior: Evolved Dispositions Versus Social Roles". *American Psychologist*, v. 54, n. 6, 1999, pp. 408-23.

que é própria da divisão do trabalho nas sociedades humanas, em especial nas sociedades de caçadores-coletores que, segundo os psicólogos evolucionistas, ofereceriam uma janela para que vislumbremos o ambiente da adaptação evolutiva.

O enredo proposto pelos psicólogos evolucionistas depende de narrativas que ressaltam a primazia da caça não só como forma de sustento da família, mas também no que se refere ao surgimento da linguagem e da cultura. Esse mito do "homem, o caçador" foi desmentido há muito tempo,[5] e os psicólogos evolucionistas sabem que as mulheres pré-históricas não ficavam apenas em casa cuidando das crianças, mas também estavam envolvidas no trabalho produtivo da coleta de vegetais e na caça de animais pequenos. No entanto, esse conhecimento não perturbou um conjunto de pressupostos sobre as relações de gênero que guiam as pesquisas sobre as "preferências de acasalamento". Embora ressaltem o tempo todo o desejo das mulheres de encontrar parceiros que sejam engenhosos, produtivos e cheios de recursos, os psicólogos evolucionistas nunca consideram a possibilidade de que os homens possam estar preocupados em encontrar mulheres com qualidades similares.[6]

---

5   Para críticas à ideia do "homem, o caçador", ver Sally Slocum, "Woman the Gatherer: Male Bias in Anthropology", in Rayna R. Reiter, *Toward an Anthropology of Women*. New York: Monthly Review Press, 1975, pp. 36-50; Nancy Tanner e Adrienne L. Zihlman, "Women in Evolution. Part I: Innovation and Selection in Human Origins". *Signs*, v. 1, n. 3, 1976, pp. 585-608; e A. L. Zihlman, "Women in Evolution. Part II: Subsistence and Social Organization among Early Hominids". *Signs*, v. 4, n. 1, 1978, pp. 4-20.
6   David M. Buss, *The Evolution of Desire: Strategies of Human Mating*. New York: Basic Books, 1994, pp. 19-73. Como já ressaltado em um momento anterior, quando encontrou uma preferência como essa entre os homens zulu em sua pesquisa transcultural sobre as preferên-

Desde os primórdios da história dos hominídeos, contudo, a fonte mais confiável e proporcionalmente mais abundante de comida era a coleta, e não a caça. Na verdade, Nancy Tanner e Adrienne Zihlman argumentam que as inovações na criação de ferramentas e recipientes que 5 milhões de anos atrás marcaram as adaptações transicionais dos hominídeos da savana africana derivaram não da *caça* de grandes animais – nem sequer havia caça nesse estágio inicial –, mas da "*coleta* de plantas, ovos, mel, cupins, formigas e, provavelmente, de pequenos animais que viviam em tocas".[7] Em vez de presumir que as fêmeas dos hominídeos transicionais estavam sobrecarregadas pelo fardo da longa dependência dos bebês e das crianças, Tanner e Zihlman fazem uma defesa convincente de que foi exatamente essa dependência que motivou não só a invenção de ferramentas, recipientes e estilingues que facilitaram a coleta a ser realizada com dependentes a reboque, mas também a criação de formas de organização e de compartilhamento social centradas na mulher.[8] O conjunto de ferramentas necessárias para a caça de larga escala não estava disponível no Pleistoceno Médio, e "machadinhas e lanças de madeira, que são parte de nosso imaginário sobre essas tecnologias de caça, só aparecem nos registros arqueológicos de cerca de 100 mil anos atrás".[9] Assim, fica claro que, durante o Pleistoceno – aquela era mítica da adaptação evolutiva –, a coleta era o principal meio de

cias de acasalamento ("Sex Differences in Human Mate Preferences: Evolutionary Hypotheses Tested in 37 Cultures". *Behavioral and Brain Sciences*, v. 12, 1989, pp. 1-49), Buss a desconsiderou como um reflexo da influência da cultura.
7   N. Tanner e A. Zihlman, "Women in Evolution. Part I", op. cit., p. 601. Grifo do original.
8   Ibid., pp. 598-605.
9   A. L. Zihlman, "Women in Evolution. Part II", op. cit., p. 17.

subsistência e, onde havia caça, era a segurança da coleta que permitia esse gasto, de resto tão ineficiente, de tempo e de energia. Pois, "apesar de comportamentos tão dispendiosos em termos de tempo e que muitas vezes não traziam comida nenhuma, como era o caso da caça ou da obtenção de matérias-primas de algum lugar distante, os indivíduos – provavelmente homens, em sua maioria – engajavam-se nessas buscas porque tinham certeza de terem a seu dispor uma porção da comida coletada pelas mulheres com quem tinham laços sociais estreitos".[10] Se alguém dependia de outros indivíduos para a obtenção de recursos no "ambiente da adaptação evolutiva", é mais provável que fossem os homens do que as mulheres. Seria possível, assim, inverter a afirmação de Pinker de que "os homens, como podem obter carne com a caça e outros recursos, têm com que investir" de modo a dizer que os homens podiam se envolver na incerteza produtiva das expedições de caça exatamente porque as mulheres dispunham de recursos para investir em seus maridos e filhos.[11]

A importância da coleta em sociedades contemporâneas de caçadores-coletores está estabelecida há muito tempo. De acordo com Zihlman, "estudos sobre pessoas vivas que coletam e caçam por todo o globo revelam que, exceto no caso dos caçadores especializados nas regiões árticas, mais calorias são obtidas de alimentos de origem vegetal coletados por mulheres e compartilhados com a família do que da carne obtida pela caça".[12] De modo mais específico, Patricia Draper observa que as mulheres !kung do povo San do Kalahari "são as principais

---

10 Ibid., p. 18.
11 Steven Pinker, *Como a mente funciona* [1997], trad. Laura Teixeira Motta. São Paulo: Companhia das Letras, 2001, p. 491.
12 A. L. Zihlman, "Women in Evolution. Part II", op. cit., p. 7.

fornecedoras de vegetais e contribuem com algo da ordem de 60% a 80% da alimentação diária em termos de peso".[13] Ainda que possa ser um bem de prestígio, a carne não é uma fonte de alimentação nem previsível nem confiável. Assim, em comparação com os homens, as mulheres !kung fornecem tanto uma quantidade desproporcional de comida quanto fontes de alimentos que são altamente confiáveis e previsíveis. Como as mulheres !kung detêm o controle sobre os recursos que coletam, são os homens que dependem delas para a subsistência diária, e não o contrário.

A natureza entrelaçada e interdependente do trabalho masculino e feminino também é evidente entre os caçadores-coletores esquimós yupik. Como Ann Fienup-Riordan observa, "homens e mulheres trabalham juntos na captura e no preparo de cada animal, mas nunca sobrepõem seus esforços. Configurações específicas de trabalho complementam atividades específicas de subsistência",[14] e nenhuma dessas atividades poderia ser concluída sem o trabalho harmônico dos homens e das mulheres. Como no caso das focas, por exemplo. Os homens caçam e capturam as focas, mas, ainda que possam começar o processamento das maiores, as mulheres o fazem com as menores. De modo mais significativo, as mulheres cortam e secam milhares de quilos de carne (numa taxa de 45 quilos por dia), extraem

---

13 Patricia Draper, "!Kung Women: Contrasts in Sexual Egalitarianism in Foraging and Sedentary Contexts", in R. R. Reiter (org.), *Toward an Anthropology of Women*, op. cit., p. 82, na mesmo linha de Richard B. Lee, *Subsistence Ecology of !Kung Bushmen*. Tese de doutorado. Berkeley: University of California, 1965.

14 Ann Fienup-Riordan, *The Nelson Island Eskimo: Social Structure and Ritual Distribution*. Anchorage: Alaska Pacific University Press, 1983, p. 65.

óleo da banha e curtem o couro para fazer sapatos e roupas. Assim, ainda que os homens possam caçar e capturar as focas, seu trabalho seria em vão se as mulheres não processassem a carne e o óleo em formas que possam ser armazenadas e consumidas durante o inverno e não produzissem recipientes para os alimentos, ferramentas e vestimentas a partir das várias partes da foca. Sob essas condições, é difícil imaginar que os homens yupik não considerariam seriamente a engenhosidade de suas potenciais esposas e a capacidade delas para oferecer os recursos essenciais para a subsistência ao longo do ano.[15]

A importância do trabalho na escolha do parceiro – e suas implicações nas preferências conjugais – não é de modo algum específica às sociedades de caçadores-coletores. No atol de Chuuk, nas ilhas Carolinas, na região da Micronésia, as atividades de subsistência incluem a pesca, a horticultura e o cultivo de árvores frutíferas. Ainda que tanto homens como mulheres procurem parceiros atraentes e sexualmente compatíveis, Ward Goodenough ressalta que "procuram ainda mais por bons trabalhadores". Goodenough afirma também que "uma pessoa incapaz para o trabalho provavelmente não se casará. Ainda que desejável, a beleza física de um cônjuge está subordinada à engenhosidade e à técnica".[16]

Nas ilhas Tanimbar, a divisão do trabalho por gênero dá forma ao núcleo das atividades de subsistência. Enquanto os homens caçam porcos selvagens, as mulheres cuidam dos porcos domésticos; enquanto os homens praticam a pesca de pro-

---

[15] Sobre a divisão do trabalho por gênero na caça e no processamento de focas entre os Yupik, ver ibid., pp. 78–85.
[16] Ward H. Goodenough, *Property, Kin, and Community on Truk* [1951]. Hamden: Archon Books, 1966, p. 122.

fundidade, homens e mulheres pescam e coletam mariscos nos recifes; enquanto os homens derrubam e incendeiam árvores para fazer a queimada, mulheres plantam, capinam e colhem o que vier a ser ali cultivado; enquanto os homens carregam para casa os materiais de construção obtidos na floresta, as mulheres carregam para casa os suprimentos colhidos nas hortas e a água tirada dos poços; enquanto os homens debulham o arroz, as mulheres socam e peneiram os grãos; enquanto os homens constroem casas e barcos, as mulheres trançam cestas e tecem. Nesse sistema, os recursos específicos e os tipos de trabalho apropriados são divididos por gênero; e é a articulação complementar do trabalho e dos recursos que possibilita a subsistência de todos.[17]

De fato, em Tanimbar, assim como em muitas outras sociedades, não é apenas a subsistência que exige os recursos dos homens e das mulheres. As trocas conjugais – que tanto estabelecem a permanência relativa do relacionamento entre o marido e a esposa quanto alocam as crianças ou ao grupo da mãe ou ao do pai – também envolvem bens que são ao mesmo tempo marcados pelo gênero e produto do trabalho específico de um gênero. "Na vida diária e em ocasiões festivas, tomadores de esposas 'femininos' oferecem o produto da atividade masculina – carne, peixe e vinho de palma – a seus doadores de esposa 'masculinos', enquanto estes últimos retribuem com os produtos da atividade feminina – produtos da horta e noz de areca".[18] Esse não é um mundo em que os homens detêm os recursos e as mulheres buscam garanti-los através das relações com seus parceiros. Em vez disso, é um mundo em que se pode vislumbrar o

---

17 Sobre a divisão de trabalho por gênero nas Ilhas Tanimbar, cf. S. McKinnon, *From a Shattered Sun*, op. cit., p. 166.
18 Ibid.

intercâmbio produtivo de recursos masculinos e femininos, que são, por sua vez, produto do trabalho de homens e de mulheres. Mesmo uma análise apressada da divisão do trabalho deixa claro que a produção e o controle dos recursos não pertencem apenas aos homens. A ideia de que os homens ao redor do mundo estão preocupados com a fertilidade das mulheres, mas não com o controle por elas exercido sobre os recursos – e de que os homens teriam, portanto, preferências psicológicas inatas que os levariam a procurar mulheres jovens, bonitas e curvilíneas, mas não mulheres que são produtivas, engenhosas ou confiáveis – tem como base uma deturpação do modo como os recursos de subsistência são garantidos, processados e alocados em todo o planeta. Certamente as mulheres estão preocupadas em achar homens engenhosos e dispostos a contribuir com recursos para a unidade familiar; mas os homens estão igualmente preocupados em encontrar mulheres com essas qualidades. Pois um caçador que não esteja ligado a uma coletora é um homem com fome; um homem que apanhe uma foca terá uma pilha de carne podre em suas mãos e nenhuma roupa para cobrir suas costas caso não encontre uma mulher para processar sua presa; um homem que derrube a mata para fazer uma queimada não tem nada além de uma clareira de solo queimado se não houver uma mulher para semear e fazer a colheita; e um homem que traga presentes tirados do trabalho masculino para uma troca conjugal continuará solteiro a menos que receba em troca presentes do trabalho feminino. De fato, se realmente escolhessem suas parceiras com base nas qualidades que os psicólogos evolucionistas professam ser preferências masculinas universais, os homens estariam em desvantagem significativa em termos da própria sobrevivência – sem mencionar a sobrevivência de sua progenitura. No fim, os psicólogos evolucionistas imaginaram uma estratégia reprodutiva para homens que seria altamente contrária à adaptação na maior parte das sociedades e na quase totalidade da história humana. Ainda que reflita a divisão do trabalho em sociedades industriais, essa estratégia não está em consonância com os diversos padrões de divisão do trabalho encontrados no mundo.

A OXIMORÔNICA "MENTE SEXUAL MASCULINA"

Se os psicólogos evolucionistas supõem que, para as mulheres, o problema principal consiste em encontrar homens que disponham de recursos para "investir" em sua prole relativamente pequena, eles assumem que, quanto aos homens, o problema principal se divide em dois.[19] De um lado, há uma preocupação em encontrar mulheres férteis – e, de preferência, em acasalar com a maior quantidade possível delas a fim de maximizar o próprio legado genético. De outro lado, e considerada a incerteza eterna da paternidade, há uma preocupação em encontrar meios de garantir a fidelidade das parceiras, já que se presume que os homens não queiram "investir" em crianças com

---

19 Ver, por exemplo, Martin Daly, Margo Wilson e Suzanne J. Weghorst, "Male Sexual Jealousy". *Ethology and Sociobiology*, v. 3, 1982, pp. 11, 17; M. Wilson e M. Daly, "The Man Who Mistook His Wife for a Chattel", in Jerome H. Barkow, Leda Cosmides e John Tooby (orgs.), *The Adapted Mind: Evolutionary Psychology and the Generation of Culture*. New York: Oxford University Press, 1992, pp. 289-92; D. M. Buss, *The Evolution of Desire*, op. cit., pp. 49-72, 125-26; id., *The Dangerous Passion: Why Jealousy is as Necessary as Love and Sex*. New York: The Free Press, 2000, pp. 51-53; R. Wright, *The Moral Animal*, op. cit., pp. 64-67; e S. Pinker, *Como a mente funciona*, op. cit., pp. 486-90.

quem não são aparentados geneticamente. Tanto a dupla moral quanto a relação de propriedade exercida pelos homens sobre as mulheres são consideradas soluções para problemas adaptativos vivenciados pelos homens e, portanto, naturais e inatas.

A proposta básica é a de que os homens - ao contrário das mulheres - buscam ter a maior quantidade possível de relações sexuais com a maior quantidade possível de parceiras. Pinker afirma que a "mente sexual masculina" é dotada de uma "capacidade de excitar-se facilmente"[20] e tem "um apetite ilimitado por parceiras sexuais casuais",[21] além de um desejo "insaciável"[22] por "uma variedade de parceiras sexuais com o único propósito de ter uma variedade de parceiras sexuais".[23] De fato, pensa-se que a "psique masculina" seja marcada por um "apetite evolutivo" por haréns e pela poligamia e inerentemente avessa à monogamia.[24] Enquanto isso, segundo Wright, as mulheres supostamente "adoram o casamento, mas os homens não" - e o autor ainda observa que "dar conselhos conjugais a homens é um pouco como oferecer a vikings brochuras intituladas 'Como não saquear'".[25] Wright explica que a promiscuidade inerente da "mente masculina é o principal obstáculo à monogamia vitalícia".[26] A discussão já começa enviesada, uma vez que os psicólogos evolucionistas pressupõem que o problema a ser explicado é a acomodação do homem (e não a da mulher) à monogamia.

20 S. Pinker, *Como a mente funciona*, op. cit., p. 495.
21 Ibid., p. 496.
22 Ibid.
23 Ibid., p. 492.
24 M. Wilson e M. Daly, "The Man Who Mistook His Wife for a Chattel", op. cit., pp. 499-502.
25 R. Wright, *The Moral Animal*, op. cit., p. 137-39.
26 Ibid., p. 137.

Quer os homens sejam capazes ou não de superar suas tendências promíscuas e polígamas, a aceitação da monogamia por eles pressupõe a garantia de fidelidade da parte das esposas. O que preocupa os psicólogos evolucionistas são as consequências negativas que se imagina serem resultado da promiscuidade da mulher, ou seja: o fato de que o homem pode ser traído e levado a "investir" em crianças que não são geneticamente suas. Assim, o investimento de longo prazo em mulheres e em crianças é entendido como possível apenas em troca da garantia da paternidade, o que requer uma rigorosa fidelidade da parte da mulher.

Ao longo de toda essa exposição, os psicólogos evolucionistas descrevem sem sequer enrubescer a existência daquilo a que chamam "um interruptor santa-prostituta"[27] no padrão genético da "mente sexual masculina". Os homens buscam mulheres "fáceis" a fim de disseminar os próprios genes o máximo possível; e procuram mulheres castas ou "recatadas" para casar, a fim de se assegurarem da paternidade dos filhos em quem "investem" (o que garante, assim, que seu "capital" financeiro e genético flua através das mesmas veias). De fato, essa dupla moral é vista como uma "estratégia genética otimizada" não só para todos os humanos do sexo masculino, mas, de modo mais fundamental, "para os machos de qualquer espécie que investem na prole: acasale-se com qualquer fêmea que consinta, mas assegure-se de que sua esposa não se acasale com nenhum outro macho".[28] Desse modo, a dupla moral é não só entendida como um subproduto de uma lógica presumidamente natural de automaximiza-

---

27 Ibid., p. 29-30, 72-74, 77-83, 123-24; S. Pinker, *Como a mente funciona*, op. cit., p. 504 [tradução modificada].
28 S. Pinker, *Como a mente funciona*, op. cit., p. 504. Ver também D. M. Buss, *The Evolution of Desire*, op. cit., pp. 66-70, 79.

ção genética, mas também concretizada através de um conjunto de mecanismos de preferência que se presumem estar geneticamente codificados na psique masculina.

Essa lógica "natural" da dupla moral cria, por sua vez, uma lógica "natural" do desembolso diferenciado de recursos. A suposição é a de que os homens deixarão de investir em mulheres "fáceis" (não importa a abundância de evidências de homens que esbanjaram quantias inimagináveis de dinheiro e de atenção com suas amantes) e reservarão seus recursos para as mulheres castas e que possam garantir a paternidade dos filhos. Wright escreve que esse fato "leva homens a despejarem veneração e devoção sobre mulheres sexualmente reservadas em quem procuram investir – exatamente o tipo de devoção que essas mulheres exigirão antes de permitir a prática do ato sexual. E isso supostamente leva os homens a explorar sem culpa as mulheres em quem não querem investir, as quais consignam a uma categoria digna de desprezo."[29] A diferenciação entre santa-prostituta parece, assim, separar as mulheres em dois tipos naturais cujas qualidades essenciais são percebidas pelos mecanismos psicológicos inconscientes dos homens e consideradas dignas ou de "investimento" ou de "exploração".

Como um aparte, devemos acrescentar que os psicólogos evolucionistas são claros quanto ao fato de que a eficácia impiedosa dessa "lógica natural" observa os interesses dos homens, e não os das mulheres. Esses autores parecem particularmente tranquilos com as consequências da promiscuidade masculina nas mulheres e nas crianças que são abandonadas por homens mulherengos – e para as quais essa "lógica natural" dificilmente se caracteriza como uma adaptação eficiente. Mas, segundo

---

29 R. Wright, *The Moral Animal*, op. cit., p. 73.

eles, mulheres "fáceis" – e que se supõe menos adaptadas, com menos mecanismos psicológicos de avaliação – merecem o destino que têm.

Como no caso da dupla moral, a ideia da propriedade dos homens sobre as mulheres é tida como uma característica natural e evolutiva da "mente sexual masculina". Nas palavras de Wilson e Daly: "os homens reivindicam mulheres específicas assim como as aves canoras reivindicam territórios, como os leões reivindicam uma presa ou como as pessoas de ambos os sexos reivindicam bens".[30] Dado que a infidelidade feminina é vista como uma "ameaça ao valor adaptativo masculino",[31] a propriedade dos homens sobre as mulheres é tida como uma evolução natural da necessidade masculina de evitar a traição e de garantir a fidelidade feminina. De acordo com os psicólogos evolucionistas, as formas de propriedade masculina incluem uma vasta relação de atividades – o uso do véu, as diversas formas de clausura, o pagamento de um preço de noiva e a cobrança de multas por adultério – que, todas elas, supostamente indicam as formas a partir das quais as mulheres se tornam propriedade dos homens ou são transformadas em mercadorias a serem trocadas entre eles.

A dupla moral e a propriedade masculina sobre a mulher parecem "autoevidentes" para os estadunidenses. Mas não há validade metodológica na pressuposição de que aquilo que *parece* autoevidente e natural com base em nossas próprias perspectivas culturais deva, portanto, *ser* algo natural e universal a todas as

---

30 M. Wilson e M. Daly, "The Man Who Mistook His Wife for a Chattel", op. cit., 1992, p. 289.
31 Cf. M. Wilson, M. Daly e S. J. Weghorst, "Male Sexual Jealousy", op. cit.; D. M. Buss, *The Evolution of Desire*, op. cit., pp. 123-29, 135-37; id., *The Dangerous Passion*, op. cit.; e S. Pinker, *Como a mente funciona*, op. cit., p. 514.

culturas. É imperativo que nos indaguemos quão universal essa manifestação de fato é e se ela pode realmente abarcar todas as formas de sexualidade encontradas ao redor do mundo. A fim de interrogar a suposta universalidade dessas ideias, examinarei três aspectos do argumento: o de que os homens de todos os lugares buscam multiplicar seus contatos sexuais com mulheres; o de que a dupla moral é ao mesmo tempo natural e universal; e o de que a propriedade do homem sobre a mulher é tão natural e inevitável quanto a propriedade do leão sobre sua presa.

OS VALORES **CULTURAIS** DA **PROMISCUIDADE**

A incidência da promiscuidade em homens e em mulheres varia transculturalmente. Essa variabilidade se explica não com base em uma lógica universal presumida da sexualidade de gênero, mas a partir de lógicas culturais particulares que organizam a sexualidade nas diferentes sociedades. Devemos, portanto, examinar as ideias, as crenças e as práticas culturais específicas sobre o que constitui pessoas e corpos de acordo com o gênero; sobre como são percebidos atributos dos fluidos corporais (sêmen, sangue e leite, por exemplo); sobre os processos que abarcam a reprodução, a vida e a morte; sobre a relação entre sexualidade e religião, política e economia; e sobre as estruturas de hierarquia e poder, entre outras coisas. A promiscuidade relativa dos homens ou das mulheres em diferentes culturas se revelará a partir desses entendimentos.

A dinâmica da sexualidade entre os Etoro, nas terras altas da Papua-Nova Guiné, por exemplo, é resultado do conceito de *hame*, uma força vital essencialmente disforme que se manifesta na respiração e que é entendida como o espírito que dá vida a todos os humanos. Raymond Kelly, que realizou trabalhos de campo em meio a essa sociedade da Nova Guiné, informa que um aumento em *hame* é associado com o crescimento, com a força e com a vitalidade, enquanto uma diminuição em *hame* é relacionada a uma respiração mais pesada, à tosse, a dores no peito, à fraqueza generalizada, ao envelhecimento e, por fim, à morte. Como o *hame* está concentrado em especial no sêmen, as dinâmicas de vida e morte estão associadas de modo íntimo à perda ou ao ganho de sêmen ao longo do intercurso hétero e homossexual. O intercurso heterossexual é necessário porque o *hame* (e o sêmen que o contém) é visto como condição para o crescimento inicial da criança no útero de sua mãe.[32] O intercurso homossexual é necessário porque se considera que os garotos pré-púberes ainda não dispõem de uma fonte própria de sêmen e que precisam de uma quantidade maior da energia vital do *hame* para que possam crescer e amadurecer.[33] Desse modo, a inseminação de garotos por homens adultos (em geral os maridos de suas irmãs) desde os 10 até por volta dos 25 anos é vista como uma forma de nutrição [*nurturance*] que garante que os garotos crescerão, se tornarão fortes e saudáveis e terão a força vital necessária para enfrentarem seus próprios atos de reprodução e de nutrição.

De acordo com Kelly, o paradoxo central e a tragédia da sexualidade etoro está no fato de que, conforme oferecem vida durante o intercurso heterossexual e incentivam o crescimento

---

[32] Raymond C. Kelly, "Witchcraft and Sexual Relations: An Exploration in the Social and Semantic Implications of the Structure of Belief", in Paula Brown e Georgeda Buchbinder (orgs.), *Man and Woman in the New Guinea Highlands*. Washington: American Anthropological Association, 1976, pp. 39-40.

[33] Ibid., pp. 40-41, 45-46.

dos garotos através do intercurso homossexual, os homens adultos acabam por esvaziar sua força vital e sua saúde, de modo que se aproximam cada vez mais do próprio fim.[34] O ato de dar a vida acaba por engendrar a morte. Não é uma surpresa, então, que haja uma espécie de economia moral das transferências de sêmen; e, no interior dessa economia moral, os intercursos homo e heterossexual são valorizados de modos diferentes. Quando os homens pensam sobre intercurso (oral) homossexual, o foco está no lado da atribuição de vida da equação; quando, porém, pensam sobre o intercurso (vaginal) heterossexual, o foco está no esvaziamento do *hame* masculino e no consequente enfraquecimento, seguido da morte. O intercurso heterossexual é cercado de um vasto leque de tabus que restringem sua incidência: não pode ser realizado na casa comunal, nem em suas vizinhanças, nem numa habitação agrícola, nem na própria plantação – caso contrário, as plantas murcharão e morrerão (o que contrasta de maneira acentuada com o intercurso homossexual nas colheitas, que é considerado responsável pelo desenvolvimento e pelo aumento da produção). O intercurso heterossexual – visto como um "comportamento em essência antissocial"[35] – só deve acontecer na floresta, ainda que, mesmo lá, um casal se encontre à mercê das cobras-da--morte, que, conforme se acredita, não gostam do odor do sexo. Além disso, o intercurso heterossexual não pode ser realizado em vários momentos do ciclo produtivo das plantações. Como consequência, entre 205 e 260 dias do ano sua prática é um tabu sob qualquer circunstância, o que reduz as possibilidades de sua ocorrência a cerca de ⅓ do ano. Tanto a sincronização dos nasci-

34 Ibid., pp. 47-48.
35 Ibid., p. 45.

mentos quanto as taxas de natalidade, geralmente baixas, parecem confirmar a eficácia dessas restrições sobre o intercurso heterossexual e suas implicações sobre a reprodução.[36]

Estamos, portanto, diante de um sistema em que o intercurso heterossexual é considerado de modo profundamente ambivalente e cercado de enormes restrições que limitam sua ocorrência, e suas consequências são percebidas como desgastantes para os homens. Além disso, os homens etoro não só são ambivalentes quanto à prática do intercurso heterossexual, mas também canalizam muito de suas energias vitais (e, segundo os psicólogos evolucionistas, seu potencial genético) para a inseminação de garotos – o que dificilmente poderia ser considerado uma estratégia otimizada para o favorecimento de seus sucessos reprodutivos.

Por fim, é evidente que os Etoro enxergam a promiscuidade como um valor negativo, no sentido de que ela é associada ao esvaziamento desnecessário do *hame* e às implicações daí decorrentes para a saúde e para a própria vida dos homens envolvidos. Aqueles que tomam sem necessidade o sêmen e o *hame* dos homens são vistos como perigosos e dignos de desprezo.[37] Esse grupo inclui as mulheres que fazem demandas sexuais excessivas aos homens; os jovens que mantêm relações sexuais com outros jovens (e, assim, gastam seus recursos antes que estejam adequadamente estabelecidos); e as bruxas, que drenam de modo intencional o *hame* e a força vital dos homens. A economia moral etoro contesta, assim, a ideia de que a promiscuidade masculina é resultado de uma programação natural ou de que está a serviço da proliferação genética. De fato, é difícil imaginar um caso que lance mais obstáculos à proliferação genética.

36 Ibid., pp. 43-44.
37 Ibid., pp. 47-51.

Mas consideremos, então, o que o historiador Ben Barker--Benfield chamou de "economia espermática"[38] e que, ao menos em alguns círculos, organizou a sexualidade masculina nos Estados Unidos do século XIX. Também aqui a energia criativa se caracterizava como uma mercadoria escassa que circulava no interior de uma espécie de economia moral de soma zero de que tanto a reprodução sexual quanto a produção social tomavam parte. Qualquer forma de sexualidade excessiva – no que se incluem o intercurso heterossexual frequente e a masturbação, sem falar do intercurso homossexual – drenava as energias dos homens e os privava da capacidade de transformação da energia sexual em formas de produtividade social que lhes permitissem competir com eficiência dentro dos domínios mais amplos da política e da economia. A suposição de que havia uma quantidade limitada de energia sexual e, mais ainda, de que as atividades sexuais e produtivas eram inversamente proporcionais trazia implicações sérias. Se uma pessoa "gastasse" seu esperma com a sexualidade excessiva, ela não só teria filhos fracos e debilitados como seria incapaz para a produtividade social e acabaria, se não enlouquecida, ao menos em um estado de exaustão nervosa. Era preciso, portanto, acumular o próprio esperma e evitar gastá-lo de modo irresponsável. O esperma "poupado" era forte, concentrado – e, portanto, "rico" –,[39] e era essencial não só para a reprodução adequada, mas também para a atividade produtiva na sociedade. Assim, havia uma clara sanção moral que restringia todas as formas de sexualidade (segundo alguns

---

[38] Ben Barker-Benfield, "The Spermatic Economy: A Nineteenth Century View of Sexuality". *Feminist Studies*, v. 1, 1972. Sobre as consequências do "gasto" de esperma, cf. pp. 49-53.
[39] Ibid., p. 49-50.

manuais, o intercurso heterossexual somente poderia ser realizado de maneira adequada "ao meio-dia dos domingos"!)[40] a fim de explorar a riqueza espermática de um homem em favor da produção de riqueza social, de um lado, e de crianças fortes, de outro. É claro que nem todos os homens seguiam a totalidade das restrições previstas nos manuais de higiene sexual. Ainda assim, esses livros compunham um sistema dominante de ideias que unia as produções sexual e social em uma economia de soma zero de gastos de energia inversamente proporcionais. Essa economia privilegiava a "poupança" em detrimento do "gasto" de riquezas espermáticas, assim como fomentava a transformação da "riqueza" espermática em riqueza social (em vez de genética).

Tomados em conjunto, os exemplos etoro e estadunidense indicam que as narrativas dos psicólogos evolucionistas não foram capazes de compreender como a economia moral das transferências espermáticas que organizam a sexualidade em várias culturas pode se opor tão completamente a suas suposições sobre a promiscuidade dos homens. Outros interesses – os da vida e da morte, ou os da competição sobre a produção de riqueza social – transformam as perspectivas da promiscuidade e o consequente gasto de esperma em um valor social negativo e em um risco positivo à saúde, à vida e à riqueza. De modo paradoxal, os psicólogos evolucionistas são incapazes de prever como mesmo um regime espermático egoísta poderia acabar trabalhando contra suas próprias pressuposições quanto à primazia de um regime genético fundado no interesse próprio.

Nos exemplos dos Etoro e dos Estados Unidos, a sexualidade é moldada por sua posição em um sistema mais amplo de valores

---

40 Ibid, p. 50.

morais que se relacionam a ideias sobre a vida, sobre a morte e sobre a produtividade sexual e social. O ponto fulcral é o fato de que o valor da sexualidade nunca pode ser determinado sem a consideração de outros valores sociais. Analisemos, por exemplo, o poder que o valor religioso da transcendência exerce como forma de grave comprometimento do potencial reprodutivo masculino.

Na Tailândia, os homens devem de preferência passar uma parte da vida no monasticismo budista. De fato, enquanto estudiosos estimam que "mais de metade dos homens tailandeses aptos" realmente o fazem, as estatísticas nacionais vão além e afirmam que "mais de 95% dos homens aptos acima de 50 anos serviram como monges durante algum momento da vida".[41] Assim, os homens se afastam completamente das amarras da vida material e social e se instalam em monastérios por períodos variáveis de tempo antes de voltarem à vida social e à possibilidade de encontros heterossexuais. O ímpeto que faz com que eles adiram à vida monástica, segundo conta o antropólogo Thomas Kirsch, deriva de um conjunto de ideias religiosas dominantes que valorizam o espiritual em detrimento do material, que favorecem um relativo desprendimento em oposição a um apego aos assuntos mundanos – no que se incluem aqueles da economia e da sexualidade. Tanto as relações econômicas quanto as sexuais são associadas a mulheres e são entendidas como interferências contrárias aos objetivos mais espirituais (em última instância, atingir o nirvana) que os homens anseiam por alcançar.[42] Desse modo, a forma da sexualidade masculina na Tailândia – assim

---

41 A. Thomas Kirsch, "Economy, Polity, and Religion in Thailand", in G. William Skinner e A. Thomas Kirsch (orgs.), *Change and Persistence in Thai Society*. Ithaca: Cornell University Press, 1975, p. 178.
42 Ibid., pp. 177-82.

como em outras culturas orientadas pela religião – só pode ser determinada se entendermos seu lugar dentro de um sistema de valores que dá maior destaque às preocupações espirituais e de outro mundo e desvaloriza os aspectos do mundo material, inclusive a sexualidade.

O poder de ideias e valores culturais específicos sobre a organização da sexualidade humana é particularmente claro entre os Kaulong, uma sociedade da Papua-Nova Guiné em que Jane Goodale realizou pesquisas sobre os papéis de gênero. Para os Kaulong, a ideia da poluição feminina é bastante saliente.[43] Ainda que as mulheres sejam consideradas como em um estado contínuo de poluição, os homens podem se proteger dos efeitos diários da exposição a mulheres ao evitarem ficar diretamente embaixo de lugares em que elas estiveram ou tocar objetos que qualquer uma delas tenha tocado. A poluição, no entanto, é intensificada durante a menstruação e o parto, processos que exigem a separação lateral das mulheres em cabanas menstruais e de parto. O intercurso sexual – que é sinônimo de casamento – é tido como particularmente poluente para os homens e como ameaça à saúde e à vida deles. Como consequência, revela Goodale, os homens sentem um medo profundo do intercurso sexual e o evitam pelo maior tempo possível – em geral, casam o mais velhos que puderem (dizendo: "Sou novo demais para me casar e morrer").[44] São, portanto, as mulheres que cortejam os homens de modo agressivo, e não o inverso: presenteiam os homens, fazem galanteios, usam

---

[43] Jane C. Goodale, "Gender, Sexuality, and Marriage: A Kaulong Model of Nature and Culture", in Carol MacCormack e Marilyn Strathern (orgs.), *Nature, Culture and Gender*. Cambridge: Cambridge University Press, 1980, p. 131.

[44] Ibid., p. 133.

substâncias mágicas para evitar que seus pretendentes fujam e até mesmo os atacam com facas ou açoites.[45] De fato, o padrão da agressividade feminina contra os homens é estabelecido bem cedo, na infância, e os homens são ensinados a não revidar nenhuma violência praticada pelas mulheres. No fim, os homens sucumbem aos avanços femininos porque o medo da morte por poluição é contrabalançado pelo imperativo cultural de atingir uma identidade imortal e contínua através da criação de filhos que venham a substituí-los. Qualquer chance de promiscuidade masculina é virtualmente obliterada não só pelo poder das ideias sobre a poluição letal das mulheres, mas também, ao menos no período pré-contato, por uma série de sanções que igualavam o intercurso sexual ao casamento, proibiam o divórcio, o adultério e o intercurso sexual fora do casamento e puniam os homens infratores (e algumas vezes também as mulheres) com a morte ou com o exílio.

Esses exemplos, que poderiam ser multiplicados com facilidade, sugerem que "*a* mente sexual masculina" não existe – promíscua ou como quer que seja. Em vez disso, as variedades de sexualidade masculina e feminina são organizadas por ideias e valores particulares sobre corpos, fluidos corporais e gênero. E, além disso, são constituídas por entendimentos culturais sobre o lugar da sexualidade nas ideias sobre vida e morte e sobre seu valor em comparação com outros objetivos da vida humana. Assim, ideias como aquelas ligadas à poluição, ao esvaziamento da força vital ou às exigências da transcendência espiritual diminuem, todas elas, a incidência geral de intercursos sexuais em determinada cultura, seja pela proibição da atividade sexual como um todo, seja por seu direcionamento a finalidades que não aprimoram o sucesso reprodutivo. Os psicólogos evolucio-

---

45 Ibid., p. 135.

nistas podem descartar essas ideias como manifestações epifenomenais de uma lógica mais fundamental de maximização genética ou de promiscuidade masculina natural. Mas o ponto fulcral, aqui, é que as formas e a frequência do intercurso sexual encontradas transculturalmente estão sempre sujeitas a lógicas culturais particulares e nunca poderão ser totalmente explicadas com base na suposta lógica reprodutiva universal e natural defendida pela psicologia evolucionista.

DESMONTANDO O "INTERRUPTOR SANTA-PROSTITUTA"

A fim de estabelecer a universalidade da dupla moral e da existência de um "interruptor santa-prostituta" inato, os psicólogos evolucionistas teriam de demonstrar que os homens de todos os lugares do mundo distinguem entre "mulheres fáceis", as quais se sentem no direito de explorar sem remorso, e "mulheres castas e recatadas", as quais veneram, com as quais se casam e para quem estão dispostos a direcionar seus "investimentos". A teoria pressupõe que, de modo universal, as mulheres (mas não os homens) que praticam sexo antes do casamento são desvalorizadas e rebaixadas na escala de parceiras matrimoniais, enquanto as que se mantêm virgens são altamente valorizadas e procuradas. De fato, Wright afirma que há "uma conspiração genética virtual voltada a retratar mulheres sexualmente fáceis como malévolas".[46] O problema dessa teoria está no fato de que há uma grande quantidade de sociedades em que o sexo antes do casamento é, em si, uma atividade altamente valorizada tanto para homens como para

---

46 R. Wright, *The Moral Animal*, op. cit., p. 146.

mulheres e nas quais sua prática não prejudica as mulheres, mas, ao contrário, *potencializa* suas perspectivas maritais.⁴⁷

Já que as sociedades de caçadores-coletores são utilizadas, nas explicações dos psicólogos evolucionistas, como protótipo para o ambiente social da adaptação evolutiva, começaremos mais uma vez por elas. Signe Howell, antropóloga norueguesa que trabalhou com o povo caçador-coletor Chewong da península da Malásia desde os anos 1980, observa simplesmente que um "jovem casal chewong em geral se encontra em segredo durante algum tempo para breves interações sexuais na floresta antes de começar a coabitar à vista de todos".⁴⁸ Os encontros sexuais anteriores ao casamento não são estigmatizados por esses caçadores-coletores. São vistos como um prelúdio óbvio à união de duas pessoas, e não como sua antítese. Na verdade, "o termo que usam para 'casamento', ou 'casado', é apenas 'dormir juntos' (*ahn nai*)".⁴⁹

Os caçadores-coletores !kung do deserto do Kalahari, em Botsuana, atribuem uma autonomia significativa para suas crianças, que saem em grupos para montar vilarejos de brincadeira nas bordas dos agrupamentos dos adultos. Lá, imitam as atividades praticadas por seus pais, incluindo a caçada, a coleta, o preparo de alimentos, as refeições e o intercurso sexual. De fato, as deta-

---

47 Para tentativas iniciais de organizar evidências transculturais que refutem a universalidade da dupla moral, cf. Martin King Whyte, "Cross-Cultural Codes Dealing with the Relative Status of Women". *Ethnology*, v. 17, 1978, pp. 211-37, e Eleanor Leacock, "Social Behavior, Biology and the Double Standard", in George W. Barlow e James Silverberg, *Sociobiology: Beyond Nature/Nurture? Reports, Definitions and Debate*. Boulder: Westview Press, 1980, pp. 465-88.
48 Signe Howell, *Society and Cosmos: Chewong of Peninsular Malaysia*. Chicago: University of Chicago Press, 1989, p. 48.
49 Ibid., p. 47.

lhadas entrevistas feitas por Marjorie Shostak com Nisa, uma mulher !kung, revelaram que as crianças !kung praticam uma quantidade considerável de jogos sexuais desde bem jovens – jogos que em algum momento acabavam por amadurecer na forma do intercurso sexual regular entre parceiros não casados.[50] A vida conjugal, para a maior parte das jovens, começa com uma série de casamentos provisórios ou probatórios com homens mais velhos. Dada a diferença de idade, esses casamentos são bastante instáveis, e é normal que acabem em divórcio – os quais, como consequência, são muito comuns. Shostak observa que "nenhum valor especial é atribuído à virgindade – aliás, não consegui encontrar uma palavra para 'virgindade' na língua !kung. A garota ou a mulher divorciada simplesmente volta à categoria das potenciais esposas altamente desejáveis e passa a ser almejada pelos homens aptos para tanto".[51] Entre esses caçadores-coletores, as variadas formas de sexualidade pré-conjugal e as sucessivas experiências de sexualidade conjugal não trazem consequências para o subsequente status marital das mulheres.

Para os homens e mulheres pokot, do centro-oeste queniano, o reconhecimento da passagem à vida adulta depende de três atributos: habilidade sexual; circuncisão durante a iniciação; e casamento e nascimento de filhos.[52] Robert Edgerton conta que os Pokot atribuem grande importância à beleza física e aos adornos, ao desenvolvimento das habilidades sexuais e à busca por aventuras amorosas. Por volta dos dez ou onze anos, as meninas e os

---

[50] Marjorie Shostak, *Nisa: The Life and Words of a !Kung Woman*. New York: Vintage Books, 1981, pp. 116-25.
[51] Ibid., p. 131.
[52] Robert B. Edgerton, "Pokot Intersexuality: An East African Example of the Resolution of Sexual Incongruity". *American Anthropologist*, v. 66, 1964, pp. 1288-99.

meninos pokot começam a praticar uma série de jogos sexuais – nos quais se incluem a dança, a conversa, o oferecimento de presentes, a carícia e o intercurso sexual – que são vistos como essenciais para o desenvolvimento das habilidades necessárias para um casamento bem-sucedido, ou seja, para dar prazer a um parceiro sexual.[53] O sexo antes do casamento é visto como um pré-requisito para o casamento tanto para homens como para mulheres, e não como uma alternativa a ele.[54] A distinção essencial não se dá entre mulheres que fizeram sexo antes do casamento ou não, mas entre aquelas mulheres (e homens) que foram circuncidadas – e, portanto, estão aptas a se casar e a ter filhos – e aquelas que não. O status de adulto só é reconhecido com a circuncisão e, por fim, com o casamento e com a reprodução bem-sucedida.

Uma investigação similar do sexo pré-conjugal existiu nas ilhas Trobriand, na região da Melanésia. Bronislaw Malinowski, um dos fundadores da antropologia, escreveu vários livros sobre a região, incluindo um volume dedicado exclusivamente à sexualidade trobriandesa.[55] Malinowski conta que, desde muito jovens, as crianças interagiam em todos os tipos de jogo sexual, no que se incluíam tentativas de imitação do intercurso sexual, que eram vistas por seus pais como algo engraçado.[56] Depois da puberdade, as ligações sexuais se tornavam mais sérias e estáveis (ainda que não totalmente exclusivas), e casas especiais eram construídas para que vários casais jovens tivessem seus espaços privados para dormir e nos quais estavam autorizados a desenvolver suas rela-

---

53   Ibid., p. 1295.
54   Ibid.
55   Bronislaw Malinowski, *A vida sexual dos selvagens do noroeste da Melanésia* [1929], trad. Carlos Sussekind. Rio de Janeiro: Francisco Alves Editora, 1982, pp. 79-104, 316-41.
56   Ibid., pp. 82-86.

ções sexuais. Ao contrário das convenções ocidentais, a prática de relações sexuais entre parceiros não casados era algo esperado nas ilhas Trobriand, ainda que o ato de comer juntos fosse absolutamente proibido.[57] Mesmo que os jovens pudessem ter um dado número de diferentes parceiros antes do casamento, com o tempo a relação com um único parceiro amadurecia em um vínculo duradouro que resultava no casamento. Em acréscimo às oportunidades para a prática de relações sexuais asseguradas pela existência das casas especiais dedicadas a parceiros não casados, havia uma série de ocasiões em que as relações sexuais pré e extraconjugais podiam ser buscadas.[58] Com frequência, as relações sexuais resultavam do caráter erótico de desfiles sociais (*karibom*) e de danças que aconteciam nos festivais de colheita (*milamala*) e nas distribuições cerimoniais de comida (*kayasa*). Além disso, grupos de meninos e de meninas podiam visitar vilarejos vizinhos à procura de aventuras amorosas. É difícil imaginar um "interruptor santa-prostituta" em operação em uma cultura como essa, já que, tanto para homens quanto para mulheres, as atividades sexuais eram aceitas e facilitadas, enquanto a abstinência sexual nem sequer era uma categoria cultural relevante. As mulheres eram assertivas e até mesmo agressivas na busca por encontros sexuais; suas façanhas sexuais eram tão valorizadas quanto as dos homens e não traziam consequências negativas para seu status marital.

Antes de se converterem ao catolicismo nos anos 1950, as mulheres nage e keo da ilha de Flores, no leste da Indonésia, participavam de um sistema de sexualidade pré-conjugal que era um pouco mais formal do que o de Trobriand. Gregory Forth relata que uma mulher jovem e solteira poderia entrar em relaciona-

---

57 Ibid., pp. 98-104.
58 Ibid., pp. 316-35.

mentos sexuais temporários – fosse por uma noite ou por vários meses – com homens casados ou solteiros.[59] Esses relacionamentos eram comuns, valorizados e publicamente sancionados, e ocorriam na casa dos pais da garota. O relacionamento era formalizado com uma troca de mercadorias que se assemelhava, em sua forma, àquelas feitas durante o casamento: o homem oferecia animais e metais valiosos; os pais da mulher abatiam um porco para uma última refeição comum entre eles, a mulher e o homem e ofereciam tecidos para o intermediário responsável pela aproximação. Além disso, ao longo do relacionamento, o homem levava uma quantidade considerável de outros presentes voluntários como modo de demonstrar respeito.[60] A maior parte das jovens participava dessa forma de relacionamento sexual e se envolvia com desde alguns poucos até dúzias de parceiros.[61] Ainda que o sexo casual não fosse aceito (isto é, o sexo que ocorria sem a anuência dos pais),

> o status de amante (*ana bu'e*) é descrito como honorável. Essas mulheres não eram estigmatizadas em seus casamentos posteriores com outros homens. Ser uma amante nunca foi uma alternativa ao casamento, como às vezes acontece no Ocidente moderno [...]. Quando muito, os encontros sexuais formalmente contraídos antes do casamento eram vistos como um prelúdio à vida conjugal tanto para homens quanto para mulheres.[62]

---

59 Gregory Forth, "Public Affairs: Institutionalized Nonmarital Sex in an Eastern Indonesian Society". *Bijdragen tot de Taal-, Land- en Volkenkunde*, v. 160, n. 2-3, 2004, p. 324.
60 Ibid., pp. 319-21.
61 Ibid., p. 323.
62 Ibid., p. 324.

Ainda que os psicólogos evolucionistas possam imaginar que essa aceitação pública do sexo pré-conjugal fosse vantajosa aos homens – já que fornecia os meios para a proliferação de seu legado genético –, ela não era moldada por uma dicotomia entre "mulheres fáceis" que poderiam ser desvalorizadas e exploradas sem pudor e "mulheres recatadas" que seriam honradas e receberiam "investimentos". Na verdade, um homem nage ou keo respeitava e honrava sua amante, era obrigado a "investir" nela e na família dela a fim de se envolver no relacionamento e poderia, em um momento posterior, acabar casando com ela (ou com outras mulheres que já haviam sido amantes de outros homens). Além disso, um homem não tinha o direito inerente de reclamar para si qualquer criança que pudesse vir a nascer desse relacionamento: a não ser que optasse por "investir" mais e oferecesse uma prestação de bens valiosos a fim de assegurar a filiação da criança à sua própria "casa" (*sa'o*), os filhos pertenciam à "casa" da mulher. Da perspectiva da mulher, esses relacionamentos eram cheios de vantagens: ela ganhava prestígio; desenvolvia relacionamentos românticos; recebia, junto com sua família, prestações significativas; e podia tirar proveito do "sexo, ou do que pode até mesmo ser chamado de 'sexo livre', ou seja, relacionamentos livres das obrigações consideráveis que decorrem dos status de esposa, nora e mãe".[63]

Casos de poliandria apresentam um obstáculo bastante interessante para o reconhecimento da universalidade da distinção santa-prostituta, já que favorecem as mulheres que tomam para si múltiplos parceiros sexuais e conjugais. Na Índia do período anterior a 1792, nos reinos de Calicute, Valluvanad e Cochim, localizados no centro da costa do Malabar ou em Kerala, garotas nayar

---

63 Ibid., p. 328.

plebeias entre sete e doze anos eram submetidas a ritos de casamento pré-puberdade em que passavam a ser ritualmente casadas com homens de sua subcasta vindos de linhagens próximas – uma cerimônia que, na sequência, permitia o recebimento de múltiplos maridos visitantes. Como Kathleen Gough descreve:

> Os noivos rituais eram selecionados de antemão com base nos conselhos dados pelo astrólogo da vila durante uma assembleia de vizinhos. No dia determinado, vinham em procissão à casa ancestral mais antiga da linhagem do anfitrião. Lá, depois de várias cerimônias, cada um dos maridos rituais atava um ornamento de ouro (*tali*) ao redor do pescoço da respectiva esposa ritual [...]. Depois da amarração dos *tali*, cada casal era isolado por três dias.[64]

Vários direitos eram atribuídos a esse casamento ritual: o marido ritual tinha o direito de deflorar sua esposa – ainda que aparentemente essa tarefa fosse "vista com repugnância" (e não com a ansiedade que os psicólogos evolucionistas poderiam prever) –, assim como o direito de ser pranteado por sua esposa ritual no momento da morte. A esposa ritual tinha o "direito de *ter* um marido ritual de sua própria subcasta ou de uma subcasta superior antes de atingir a maturidade".[65] Se uma garota não houvesse se casado com um homem da subcasta apropriada antes da puberdade, ela seria ostracizada ou mesmo assassinada.

Contudo, assim que uma mulher passasse pela cerimônia do casamento ritual, estava livre para receber vários maridos

---

[64] E. Kathleen Gough "The Nayars and the Definition of Marriage", in Paul Bohannan e John Middleton (orgs.), *Marriage, Family, and Residence* [1959]. Garden City: The Natural History Press, 1968, p. 54.
[65] Ibid., p. 63. Grifo do original.

visitantes, desde que vindos de sua própria subcasta ou de castas superiores. Relatos falam de mulheres que recebiam de três a doze maridos visitantes. Ainda que em geral tivesse um número menor de maridos em relações mais ou menos duradouras, a mulher "também estava livre para receber visitantes casuais da subcasta apropriada que passassem pela vizinhança durante operações militares".[66]

É difícil encaixar a poliandria dos Nayar – ou qualquer poliandria que seja – no esquema santa-prostituta dos psicólogos evolucionistas. Em comparação com os sistemas monogâmicos, as mulheres nayar eram livres para participar de relacionamentos de curto e de longo prazos com vários maridos e amantes. A ideia, aqui, não era a de que as mulheres deveriam manter a castidade e o recato e que teriam de se guardar para um único homem; em vez disso, elas deveriam se guardar para *os homens de sua própria subcasta ou das castas superiores*. Não havia punição para a multiplicidade de relacionamentos sexuais e conjugais, mas para os relacionamentos sexuais ou conjugais com homens de castas inferiores – e, nesse caso, a mulher poderia de fato perder a própria vida. As mulheres nayar não eram "prostitutas" submetidas a uma exploração impiedosa por participarem de vários relacionamentos sexuais/conjugais. Pelo contrário, ao se casarem ritualmente e ao receberem maridos das castas apropriadas, elas se tornavam mulheres honradas e eram tratadas como tal por seus maridos e amantes.

Os psicólogos evolucionistas podem contra-argumentar que o "interruptor santa-prostituta" não é ativado nesse caso

---

[66] Ibid., p. 56. Cf. Cai Hua, *A Society without Fathers or Husbands: The Na of China*. New York: Zone Books, 2001, para uma instituição similar de maridos visitantes entre o povo Na da China.

porque os homens não são obrigados a "investir" em seus próprios filhos, apenas nos de suas irmãs. Mas um sistema como esse nos mostra que não há um "interruptor" automático já instalado nos homens: aqui, as mulheres não são naturalmente vistas como "fáceis" ou como "recatadas" conforme o *número* de homens com quem mantêm relacionamentos. A honra de uma mulher nayar (e mesmo a de um homem) dependia de outras distinções culturais – especificamente aquelas que determinavam a linhagem, a subcasta e a casta dos parceiros.

Uma distinção do tipo "santa-prostituta" se funda em uma valoração específica da virgindade e da sexualidade – da sexualidade masculina *versus* a feminina e do sexo antes, durante e fora do casamento. Ainda que seja evidente que algumas culturas façam distinções de valor entre mulheres promíscuas e recatadas, entre a sexualidade masculina e a feminina ou entre a sexualidade dentro e fora do casamento, exemplos como os que discutimos aqui demonstram que muitas outras não o fazem. As variedades transculturais da sexualidade masculina e feminina não podem ser reduzidas aos limites da "dupla moral" pela simples razão de que as ideias e os valores que dão corpo a essa "dupla moral" e às categorias "santa-prostituta" são específicos de uma cultura e de um desenvolvimento histórico em particular, e não universais.

COMO UM LEÃO E SUA PRESA: O PROPRIETÁRIO E SEUS DESCONTENTAMENTOS

Os psicólogos evolucionistas pressupõem que os homens não desejam ser traídos e, desse modo, colocados em uma situação em que tenham de "investir" em filhos que não são seus. Por esse motivo, presumem que os homens exercem uma relação inerente de propriedade sobre as esposas – isto é, sobre as mulheres em quem pretendem *de fato* "investir" –, de forma a assegurar tanto a fidelidade delas quanto a certeza da paternidade das crianças que venham a nascer. Meu argumento não é o de que não existem evidências da ocorrência desse comportamento masculino. Pelo contrário, existem muitas. Mas também há muitos exemplos de culturas em que a ideia e a prática da posse masculina simplesmente não existem ou, de modo paradoxal, funcionam em desfavor da certeza da paternidade. Como se manifestam algumas dessas evidências em sentido contrário – e como podemos interpretá-las?

Começaremos, de novo, pelas sociedades de caçadores-coletores que aparecem com tanto destaque nas narrativas dos psicólogos evolucionistas. Signe Howell argumenta que não há hierarquias ou líderes políticos nem formas institucionalizadas de autoridade entre o povo igualitário Chewong da Malásia. Ainda que estruturado sobre as expectativas convencionais a respeito dos tipos de papel a serem desempenhados pelo marido e pela esposa, o relacionamento entre ambos não é moldado por uma diferença de status ou de poder. Em casos de adultério, não são aplicadas sanções contra os amantes das esposas. "Não é assim que fazemos", como diziam essas pessoas.[67] O divórcio é bastante comum, e as crianças podem continuar na companhia de qualquer um dos genitores, ainda que em geral acompanhem a mãe durante a infância.[68] Esses detalhes são significativos, já que os psicólogos evolucionistas enxergam as multas por adultério pagas ao marido e o controle masculino sobre os filhos legíti-

---

67 S. Howell, *Society and Cosmos*, op. cit., p. 42.
68 Ibid., p. 28.

mos como evidências do exercício natural do direito de propriedade exercido pelos homens.

Homens e mulheres !kung valorizam tanto o casamento quanto o entusiasmo e a novidade dos casos extraconjugais, que – segundo a entrevista realizada por Marjorie Shostak com Nisa – parecem apreciar e praticar com grande frequência.[69] Ainda que tais casos sejam quase sempre mantidos em segredo, são capazes de provocar ciúme, ameaças físicas e, às vezes, atos concretos de violência quando descobertos.[70] Contudo, mesmo que os homens sejam quase sempre os primeiros a agredir a esposa, o ciúme e as ameaças (ou a violência concreta) não são de modo algum exclusividade deles (ao contrário do que os psicólogos evolucionistas gostariam de sugerir). Mulheres e homens são capazes de expressar ciúme, de proferir ameaças e de praticar atos de violência física contra seus parceiros ou contra seus concorrentes. Na verdade, Richard Lee, famoso etnógrafo dos !Kung, escreve que, nas brigas observadas entre 1963 e 1969, "as mulheres [estavam] envolvidas em lutas com quase a mesma frequência que os homens (16 vezes contra 23)" e que o adultério "aparece em 2 (de um total de 11) brigas entre homens e 2 (de 14) brigas entre homens e mulheres, mas foi um fator decisivo em 5 (de 8) brigas entre mulheres".[71] Contudo, as famílias e os vizinhos são rápidos em intervir e quase sempre interrompem as discussões

---

69 M. Shostak, *Nisa*, op. cit., pp. 265-88. O relato de Nisa quanto à frequência da sexualidade extraconjugal está em oposição à afirmação de Sahlins (*The Use and Abuse of Biology*, op. cit., pp. 279-282) de que – dados tanto os obstáculos à privacidade quanto a facilidade do divórcio – ela seria relativamente rara.
70 Ibid., pp. 265, 307-08.
71 Richard B. Lee, *The !Kung San: Men, Women, and Work in a Foraging Society*. Cambridge: Cambridge University Press, 1979, p. 377.

e as brigas quando ainda estão em seu estágio verbal e antes de sua evolução para a violência física ou letal. Nem os dados sobre a violência nem a ausência de dotes, de preço de noiva e de multas por adultério entre os !Kung nos fornecem evidências sobre a noção de propriedade exercida pelos homens sobre as mulheres nessa sociedade de caçadores-coletores.[72]

Hortense Powdermaker relata que as pessoas da sociedade Lesu da Melanésia praticam não só três formas de casamento – monogamia, poligamia e poliandria –, mas também modalidades de relação sexual pré-conjugais e extraconjugais.[73] Em geral, uma mulher se casaria pouco depois do ritual que marcasse sua primeira menstruação, mas, caso não o fizesse, não era incomum que viesse a participar de uma série de relacionamentos sexuais antes de se casar. De qualquer forma, uma vez casados, esperava-se que homens e mulheres praticassem o intercurso sexual com vários parceiros ao longo da vida. Como Powdermaker observa, mulheres de meia idade "haviam tido tantos amantes que já não conseguiam se lembrar do número exato deles".[74] Cada vez que um homem mantinha relações sexuais com uma mulher que não era sua esposa, ele a presenteava com um fio adornado de conchas (*tsera*, um tipo de moeda), que seria então oferecido ao marido – o qual, por sua vez, saberia exatamente qual era a origem e a razão da dádiva e a "aceitaria de bom grado". Powdermaker observa que a "*tsera* não é um pagamento, assim como o preço do casamento não é um pagamento pela noiva. É apenas uma parte do código

---

72 M. D. Sahlins, *The Use and Abuse of Biology*, op. cit., p. 279-86.
73 Hortense Powdermaker, *Life in Lesu: The Study of a Melanesian Society in New Ireland* [1933]. New York: W. W. Norton, 1971, pp. 226-28, 239-47.
74 Ibid., p. 244.

tradicional de reciprocidade através do qual nunca se dá algo a troco de nada".[75] Todos os filhos de uma mulher casada eram aceitos pelo marido como se fossem seus próprios filhos, independentemente da paternidade.[76] Ainda que em raras ocasiões tanto a mulher quanto o homem pudessem exprimir ciúme, essa não era de modo algum a norma e não era algo que fosse socialmente sancionado. A atividade sexual extraconjugal não era estigmatizada ou punida nem era causa de ciúme ou da incidência de uma dupla moral.[77] Muito pelo contrário, era uma prática social de que homens e mulheres tomavam parte com o mesmo prazer e frequência.

Porque relacionada a um direito individual do homem e ao estabelecimento da paternidade de homens individuais, a suposta propriedade masculina defendida pelos psicólogos evolucionistas se caracteriza como uma impossibilidade estrutural em sistemas de poliandria, nos quais as mulheres se casam com vários maridos. Às vezes esses maridos possuem relações de parentesco entre si, como os irmãos na poliandria fraternal; outras, se relacionam entre si meramente como companheiros de vilarejo ou como membros de uma mesma subcasta, a exemplo dos Nayar.

O ritual de casamento de uma mulher nayar não estabelecia uma relação individual de propriedade entre o marido ritual e sua esposa ritual. Em vez disso, Kathleen Gough conta que o que se estabelecia era o direito de uma mulher de acessar todo e qualquer homem de sua subcasta (desde que fora de sua linhagem). Os maridos-visitantes não detinham direitos de propriedade sobre a mulher ou sobre os filhos dela e podiam ser aceitos ou dispensados

---

75 Ibid.
76 Ibid., p. 246.
77 Ibid., pp. 229, 239-247.

conforme a vontade da esposa. Gough observa que um "marido visitava a mulher à noite, depois do jantar, e ia embora antes do café da manhã. Ele deixava as armas do lado de fora do quarto da esposa, e, caso outros viessem mais tarde, podiam dormir na varanda da casa da mulher".[78] Reivindicações individuais da propriedade sobre uma esposa eram estruturalmente absurdas, já que todo o sistema era organizado de modo que a mulher tivesse acesso ritual e legal a toda uma categoria de homens.

A fim de estabelecer a legitimidade do lugar dos próprios filhos em sua matrilinhagem e subcasta, exigia-se da mulher nayar que fosse ritualmente casada (antes de dar à luz pela primeira vez) e, ainda, que tivesse as despesas de parto custeadas por um ou mais de seus maridos (caso nenhum homem se dispusesse a pagar as despesas, supunha-se que o pai da criança era um homem de casta inferior, e a mulher era ostracizada ou morta). Da perspectiva da psicologia evolucionista, temos aqui uma situação duplamente paradoxal: não só vários maridos reconheciam a paternidade de uma única criança como também o propósito de tal reconhecimento era garantir a afiliação da criança à subcasta e à linhagem da mãe, e não à do pai.

Os Lele do antigo Congo Belga praticavam a monogamia, a poliginia e uma forma de poliandria em que aproximadamente uma a cada dez mulheres tornava-se a "esposa do vilarejo" (*hohombe*). Mary Tew, antropóloga britânica, mais conhecida e renomada como Mary Douglas, seu nome de casada, realizou seus primeiros trabalhos de campo em meio aos Lele. Ela observou que, "fosse capturada pelo uso da força, seduzida, levada como refugiada [tirada de um marido abusivo] ou prometida

---

78 E. K. Gough, "The Nayars and the Definition of Marriage", op. cit., p. 65.

desde a infância, a esposa do vilarejo é tratada com muitas honrarias".[79] De fato, havia casos em que o líder de um vilarejo oferecia a própria filha em intercâmbio com outro vilarejo, que estabelecia, então, um relacionamento por afinidade coletivo com esse chefe. Durante os primeiros seis ou mais meses do período da "lua de mel", a esposa do vilarejo estava dispensada da usual divisão do trabalho, não realizava trabalhos pesados e era mimada pelos homens locais, que chegavam ao ponto de fazer o "trabalho feminino" por ela e a cobriam de favores e de oferendas de carne. Ao longo desse período inicial, diferentes homens dormiriam na tenda da esposa do vilarejo a cada duas noites, mas a mulher estava autorizada a ter relações sexuais com qualquer homem do vilarejo enquanto estivesse na floresta. Ao final desse período, depois de devidamente "introduzida", a mulher recebia "um número limitado de maridos [até cinco] [...] [que tinham] o direito de manter relações com ela em sua cabana e de ter refeições preparadas para eles de modo regular".[80] Com o tempo, o número de maridos diminuía, mas ela continuava autorizada a manter relações sexuais com qualquer homem do vilarejo dentro da floresta. A paternidade dos filhos da "esposa do vilarejo" era assumida por todos os homens: "Todos nós. Nós o geramos, todos os homens do vilarejo".[81] Esses filhos recebiam honrarias ao longo de toda a vida – e em especial no casamento e na morte.

O fato de não ser em todos os lugares do mundo que os homens sentem a necessidade de (nem estejam estruturalmente em uma posição de) estabelecer direitos de exclusividade sobre

---

[79] Mary Tew, "A Form of Polyandry among the Lele of the Kasai". *Africa*, v. 21, n. 1, 1951, p. 3.
[80] Ibid., p. 4.
[81] Ibid.

as mulheres – a fim de assegurar a certeza da paternidade – é demonstrado com clareza nos casos de poliandria. Esses sistemas revelam que o recato feminino, a preocupação masculina com a certeza da paternidade e a noção *individual* de propriedade masculina (ou mesmo de propriedade masculina como um todo) dificilmente são mecanismos psicológicos inatos.

Mas não é só nos casos de poliandria que isso pode ser percebido. Outros valores – sejam econômicos, sejam espirituais – podem direcionar homens e mulheres para relacionamentos sexuais mais inclusivos, e não exclusivos. Tais relacionamentos sexuais inclusivos podem coexistir com a propriedade masculina, mas esta última não está sempre a serviço da certeza da paternidade.

Consideremos a troca de esposas praticada pelos esquimós inupiaq e yupik, do Alasca, incluindo aqueles que habitam a área localizada entre a cordilheira Brooks e o oceano Ártico.[82] Nessa região, conta Robert Spencer, o valor da expansão dos laços de cooperação produtiva para além daqueles da família estendida resultava em uma estrutura específica de regras matrimoniais que incluíam a exogamia, a rejeição do casamento entre primos, a interdição do casamento de dois irmãos com duas irmãs e uma série de proibições de casamentos de um homem com duas irmãs em uniões polígamas, com uma mãe e uma filha ou com a irmã de uma esposa falecida.[83] Cada uma dessas prescrições tinha como efeito a expansão e a multiplicação (e não a concentração) das alianças de um grupo e, como consequência, de suas relações de

---

82 Sobre a prática de troca de esposas entre os inupiaq e os yupik: Ann Fienup-Riordan (em comunicação pessoal).
83 Robert F. Spencer, "Spouse-Exchange among the North Alaskan Eskimo", in P. Bohannan e J. Middleton (orgs.), *Marriage, Family, and Residence*, op. cit., pp. 134-35.

cooperação e de ajuda mútua. A solidificação dessas relações também era alcançada através da prática da troca de esposas. Ainda que os homens em geral tivessem ciúme dos casos extraconjugais de suas esposas, era com prontidão que as ofereciam a seus parceiros de troca ou que as deixavam com amigos, vizinhos ou companheiros quando saíam em longas expedições de caça ou de escambo. Em todos esses casos, e desde que os homens que recebiam as mulheres não fossem parentes, era esperado que houvesse intercurso sexual. As relações sexuais das mulheres com ambos os homens não produziam uma resposta ciumenta, mas, pelo contrário, cimentavam um relacionamento de cooperação já existente e o expandiam para as próximas gerações de crianças nascidas a partir dos dois casais.[84] O resultado, assim, era que os homens se colocavam voluntariamente em uma situação em que a paternidade dos filhos de suas esposas era duvidosa e em função da qual poderiam acabar investindo em crianças que não levavam seus genes. Os psicólogos evolucionistas podem argumentar que, em um ambiente como esse, o altruísmo recíproco resultante poderia muito bem compensar a incerteza da paternidade. Ainda assim, se a certeza da paternidade fosse a questão principal, haveria sem dúvida uma quantidade imensurável de formas de multiplicação de laços de reciprocidade e de cooperação que não teriam como resultado impossibilitar tal certeza. Não está claro, por exemplo, por que o empréstimo de esposas seria necessário à solidificação de laços já fortes entre companheiros de troca, amigos e vizinhos. O principal a se considerar é que o valor cultural da cooperação recíproca é privilegiado e é expresso através de formas de sexualidade extraconjugal que borram as linhas da paternidade, produzem amizade, e não ciúme, e inevitavelmente resultam

84 Ibid., p. 140-44.

em homens que cuidam de filhos que não têm seus genes. Mais uma vez, as suposições da psicologia evolucionista são incapazes de prever que, mesmo nos locais em que a noção de propriedade masculina possa estar em ação, como acontece entre os esquimós, ela não necessariamente operará a serviço da proliferação genética individual e egoísta. Ainda que os direitos de propriedade sobre as esposas existam nesse caso, deles não resultam relações sexuais exclusivas, mas a possibilidade de intercurso entre uma esposa com os companheiros ou amigos de seu marido e com seus vizinhos – uma prática que complica a paternidade e ao mesmo tempo deixa de provocar o ciúme que os psicólogos evolucionistas supõem surgir de modo natural.

Um efeito similar resultava das práticas rituais dos Marind--Anim, de Papua-Nova Guiné, discutidas em *Dema: Description and Analysis of Marind-Anim Culture* [Dema: descrição e análise da cultura Marind-Anim], o calhamaço escrito por J. van Baal, funcionário público e etnógrafo holandês que viveu na região por dois anos. Nessa sociedade, um certo tipo de licença sexual era parte comum de um amplo leque de rituais. Uma noiva deveria praticar o intercurso sexual com algo entre cinco e dez dos companheiros de clã de seu marido na noite de núpcias e também quando era liberada das interdições à sexualidade impostas no contexto do parto.[85] De modo similar, esperava-se que muitas mulheres praticassem atos sexuais com vários parceiros em virtualmente todas as ocasiões rituais – o que incluía tudo, desde eventos rituais de passagem de classe etária até funerais; de celebrações dos preparativos de uma nova horta até aquelas organizadas em conexão a grandes festas de caça e de pesca; de festins

---

85 J. van Baal, *Dema: Description and Analysis of Marind-Anim Culture (South New Guinea)*. Den Haag: Martinus Nijhoff, 1966, pp. 811-14.

que promoviam a fertilidade das plantações até os ritos de desencantamento de doenças. Essa abundância da prática sexual servia a uma série de propósitos, que derivavam principalmente da concepção dos Marind-Anim quanto ao esperma, que era visto como "a essência da vida, da permanência, da saúde e da prosperidade".[86] Em primeiro lugar, os Marind-Anim entendiam que a fertilidade e a saúde tanto dos humanos quanto das plantações dependiam da produção de uma grande quantidade de sêmen. Daí a noção de que a inseminação ritual de uma mulher pela comunidade dos companheiros de clã de seu marido, quando de seu matrimônio e após o fim do período de confinamento, tinha como propósito o aprimoramento da fertilidade da esposa e a realização de seu potencial reprodutivo. Do mesmo modo, a fertilidade das plantações e o sucesso das grandes expedições de caça e de pesca eram potencializados pela produção, pela coleta e pelo uso mágico de vastas quantidades de esperma. Também se atribuía ao sêmen valor medicinal: ele era coletado por meio de vários atos de intercurso ritual com mulheres e usado na cura – tanto por sua ingestão na forma de uma série de remédios como por sua aplicação direta sobre o corpo. Por fim, essas formas de licença sexual eram, ao que tudo indica, usadas como forma de pagamento por serviços (como a cura) e apresentadas como oferendas em banquetes e em danças.

Aqui, as ideias sobre fertilidade, reprodução, saúde, doença e troca – e, acima de tudo, sobre os notáveis poderes do esperma – produzem um conjunto de práticas sexuais que não poderia ser mais eficiente para o enfraquecimento da certeza da paternidade *individual*. A ideia era justamente a de que múltiplos atos de inseminação são necessários à reprodução e, por-

[86] Ibid., p. 818.

tanto, nem a certeza da paternidade individual nem a noção de propriedade individual (ou de ciúme) eram categorias relevantes. A ironia final é que essas formas específicas de abundância no dispêndio espermático resultavam em uma baixa taxa de fecundidade – supõe-se que a irritação crônica da genitália feminina resultava em esterilidade – e, como consequência, os Marind-Anim eram conhecidos por sequestrar crianças de outros grupos a fim de complementar sua própria reprodução. É difícil encontrar um exemplo que confunda de modo mais espetacular do que esse as pretensões universais da psicologia evolucionista.

Um último exemplo. Os psicólogos evolucionistas declaram que, não importa o que digam os antropólogos, o pagamento do preço de noiva é um sinal evidente da mercadorização e da administração de propriedade que são exercidas pelos homens sobre as mulheres.[87] A suposição é a de que o preço de noiva é uma forma escancarada de pagamento por uma mulher e que acaba por estabelecer uma relação de propriedade. Mas os psicólogos evolucionistas não conseguem entender sistemas baseados na troca de dádivas – sistemas que contestam de forma explícita a lógica da mercadorização. Nas ilhas Tanimbar e, suponho, em muitos outros lugares, o casamento de uma mulher não significa a venda da irmã ou da filha de outro homem. Na verdade, um homem que dá sua irmã em casamento é um homem que dá uma parte dele mesmo, uma parte que jamais poderá ser inteiramente alienada, e por isso ele continuará a ser o "dono" ou o "mestre" da linha feminina das irmãs e das filhas que emanem de sua casa. Longe de separar a noiva de sua casa original, a entrega da

---

[87] M. Wilson e M. Daly, "The Man Who Mistook His Wife for a Chattel", op. cit., pp. 309-10.

mulher endivida o marido e incorpora tanto ele quanto qualquer filho potencial à casa do irmão da esposa. Em Tanimbar, o preço de noiva concretiza não a *venda* da mulher, mas o *resgate* da dívida do homem. A fim de não permanecer incorporado de modo permanente à casa de seu cunhado (ou, pior, de não ser escravizado), o marido deve "redimir" a si mesmo e a seus filhos através de uma série de prestações que estabelecem a residência e a afiliação do homem, de sua esposa e de seus filhos na casa de seu próprio pai.[88] De acordo com a concepção dos Tanimbar, um homem possui um débito permanente com seus parentes e com os parentes da linha materna de seus filhos no que se refere à fertilidade, à vida e à saúde, e essa dívida é expressada na estrutura de trocas ao longo de várias gerações.[89] Em Tanimbar ou onde quer que seja, é difícil conceber o preço de noiva apenas como a venda de uma mulher, já que também é um sinal do endividamento do homem; é um meio de redenção em face de seu destino potencial como escravo; é parte integrante de um sistema maior de trocas que se estende por várias gerações e que tem como propósito a facilitação da vida, da saúde e da fertilidade. Como para os psicólogos evolucionistas tudo flui da lógica do interesse individual, da automaximização, do lucro e da mercadorização pela propriedade, não causa surpresa sua adulteração da lógica desses sistemas de troca que se organizam a partir de relacionamentos entre pessoas – e entre pessoas e objetos – e de acordo com outros princípios de valor.

---

[88] S. McKinnon, *From a Shattered Sun*, op. cit., e "Domestic Exceptions: Evans-Pritchard and the Creation of Nuer Patrilineality and Equality". *Cultural Anthropology*, v. 15, n. 1, 2000.
[89] S. McKinnon, *From a Shattered Sun*, op. cit., pp. 107-33, 163-98.

DA "MENTALIDADE CENTRAL"
AO SENTIDO CULTURAL

Está claro que mesmo uma leitura superficial dos registros antropológicos contraria as afirmações dos psicólogos evolucionistas sobre a universalidade de suas suposições mais básicas. Ainda que possa ser verdade que as mulheres de qualquer lugar do mundo procurem maridos que possuam acesso a recursos, seria uma anomalia histórica e transcultural caso o oposto também não fosse verdadeiro. Embora a dupla moral e a ideia de propriedade sobre as mulheres possam existir em algumas culturas, em outras as práticas sexuais e relações de gênero se contrapõem de modo frontal à ideia de sua universalidade. O que podemos concluir desse descompasso entre as afirmações universais dos psicólogos evolucionistas e a diversidade de ideias e práticas culturais humanas? Como forma de concluir esta excursão etnográfica, eu gostaria de explorar essa questão a fim de perguntar o que ela nos revela sobre a teoria da mente e da cultura que é proposta pelos psicólogos evolucionistas; o que ela nos mostra sobre o etnocentrismo e a naturalização de que essa teoria depende; e o que ela nos diz sobre a natureza do sentido nas culturas humanas.

Primeiro, como já apontado antes, os psicólogos evolucionistas se valem de uma distinção entre genótipo e fenótipo a fim de lidar com a variação cultural. Quão efetiva é essa abordagem para a solução da disjunção entre os universais propostos e a evidência sobre a variação cultural? O argumento é o de que a forma genotípica (digamos, a preferência feminina por homens que possuam recursos) manifesta-se quando transparece o universal presumido, enquanto a forma fenotípica (como a preferência dos homens por mulheres que possuam acesso a recursos) manifesta-se quando surge uma forma culturalmente variante. Mas, se os psicólogos evolucionistas realmente tentassem levar em conta o espectro total de arranjos sociais humanos, acabariam por se ver obrigados a postular algum tipo de mecanismo frenético de desligamento a fim de lidar com as discrepâncias entre o genótipo que defendem e os fenótipos variáveis cuja existência no mundo é evidente. Um módulo que determinasse a promiscuidade heterossexual masculina teria de ser desligado nas terras altas da Nova Guiné, nos monastérios tailandeses e em uma enorme quantidade de outros lugares. Um módulo que falhasse em codificar a preferência masculina por mulheres que possuam recursos teria de permanecer desativado durante a maior parte da história humana. O "interruptor santa-prostituta" teria de ser desligado em Lesu e nas ilhas Trobriand, nas sociedades poliândricas e em vários outros lugares. Ou, para usarmos um exemplo linguístico, um mecanismo psicológico que supostamente codificasse uma distinção universal entre substantivos e verbos[90] teria de ser desativado naquelas línguas humanas em que esse tipo de separação está ausente ou não é relevante.[91]

No fim das contas, essa pletora de mecanismos de desligamento dificilmente poderia ser classificada como parcimoniosa. Mais importante: na medida em que os psicólogos evolucionistas

---

[90] Para afirmações do caráter universal da distinção entre substantivos e verbos, cf., por exemplo, S. Pinker, *O instinto da linguagem: como a mente cria a linguagem*, trad. Claudia Berliner. São Paulo: Martins Fontes, 2002, p. 284.

[91] Para argumentos contra uma distinção universal entre substantivos e verbos, cf. William A. Foley, "Do Humans Have Innate Mental Structures? Some Arguments from Linguistics", in S. McKinnon e Sydel Silverman (orgs.), *Complexities: Beyond Nature and Nurture*. Chicago: Chicago University Press, 2005.

explicam formas sociais que divergem de seus universais com um apelo a "fatores culturais", reconhecem a força da criatividade cultural em pelo menos algumas dessas situações. Mas, se os fatores culturais operam em alguns casos, como eles afirmam, então não está claro por que esses fatores não estariam em funcionamento em todos os casos – ou mesmo como seria possível determinar quando estão ou não em operação. Seria bem mais parcimonioso presumir que a evidente flexibilidade do cérebro humano o torna capaz de criar uma série de ordens culturais significativas – algumas das quais calham de se parecer com os modelos que os psicólogos evolucionistas privilegiam como universais, e muitas outras que calham de ser bastante diferentes.

Em segundo lugar, a redução de toda a variedade de formas culturais humanas a uma "mentalidade central" genotípica e estranhamente similar à euro-estadunidense em sua valorização do indivíduo, da genética, das teorias utilitaristas da automaximização e de uma versão das relações de gênero formada nos anos 1950 produz dois efeitos. Por um lado, há uma naturalização dos pressupostos euro-estadunidenses sobre a sexualidade, o gênero e o parentesco. De fato, ao partirem de uma hipótese dedutiva que já contém suposições sobre as causas últimas do comportamento social e que já construiu universais a partir de suas próprias categorias culturais, os psicólogos evolucionistas completam o processo de naturalização antes mesmo de o começarem. Por outro lado, suas teorias nunca precisam ser colocadas em risco pela confrontação com categorias culturais diferentes, e, além disso, há um apagamento de tudo o que sabemos sobre a complexidade e a diversidade de culturas humanas ao redor do globo e ao longo da história.

Finalmente, se a diversidade transcultural dos efeitos culturais não pode ser reduzida a uma mesma causa comum

– ou a uma "mentalidade central" –, não é só porque essa mentalidade central acaba por se revelar uma mentalidade culturalmente específica disfarçada de causa universal e natural. É também porque a cultura possibilita relacionamentos significativos – ideias, crenças, valores e práticas – através dos quais os humanos medeiam as relações de causa e efeito. O processo de mediação é uma via de mão dupla, pois não só uma mesma causa pode ter efeitos diferentes como o mesmo efeito pode ter causas diferentes.

Fica claro, pelos materiais etnográficos discutidos nesta seção, que uma propensão psicológica em particular (o ciúme masculino, por exemplo) pode se manifestar em uma multiplicidade de convenções culturais diferentes – ou até mesmo deixar de fazê-lo.[92] Os psicólogos evolucionistas fariam essa concessão, desde que conseguissem, em última instância, reduzir as múltiplas realizações ou efeitos culturais a uma mesma "mentalidade central" como causa, com os respectivos problemas que acabamos de listar.

Mas há uma forma mais sutil de mediação cultural que foi articulada já há muito tempo pelo pioneiro da antropologia cultural estadunidense, Franz Boas, que argumentou que, no domínio da cultura, "efeitos similares não necessariamente possuem causas similares".[93] E isso porque efeitos culturais que podem parecer similares foram constituídos por meio de conjuntos muito diferentes de significados. Consideremos a vida sexual feminina ativa. Sob os costumes sexuais vitorianos, a valoração cultural de uma mulher sexualmente ativa é constituída em um sistema de sentidos que contrasta a promiscuidade masculina normativa com o recato feminino, a sexualidade feminina "fácil" com a contenção

---

92 M. D. Sahlins, *The Use and Abuse of Biology*, op. cit., pp. 10-11.
93 George W. Stocking Jr. (org.), *The Shaping of American Anthropology 1883-1911: A Franz Boas Reader*. New York: Basic Books, 1974, p. 2.

sexual, as prostitutas com as santas. Nos sistemas culturais !kung, pokot, trobriandês, nage e lesu, a mulher sexualmente ativa não pode sequer ser chamada de promíscua, já que a atividade fora do casamento é a norma – para ambos os sexos – e a experiência sexual é valorizada como um prelúdio ao casamento. No sistema nayar, do mesmo modo, a sexualidade ativa da mulher com vários parceiros masculinos não pode ser caracterizada como promíscua, uma vez que acontece no interior de casamentos poliândricos autorizados pela lei e pelos rituais. Fica evidente, a partir desses poucos exemplos, que um efeito que aparenta ser "objetivamente" o mesmo – como a vida sexual feminina ativa – possui causas e sentidos muito diferentes e, assim, na verdade, constitui um arranjo de fenômenos bastantes variados.

Os antropólogos Stefan Helmreich e Heather Paxson argumentam de modo parecido em resposta à suposição, exposta por Randy Thornhill e Craig Palmer em *A Natural History of Rape* [Uma história natural do estupro], de que em qualquer lugar do mundo o estupro é o subproduto da lógica subjacente de maximização genética masculina. Helmreich e Paxson afirmam que, por mais similares que possam parecer, os estupros não podem ser entendidos como um mesmo fenômeno produzido pelas mesmas causas subjacentes, já que possuem significados diferentes em contextos diferentes.[94] Os antropólogos defendem que, no contexto de uma guerra étnica nacionalista como aquela que aconteceu em 1992 na Bósnia e Herzegovina, em que se estima que mais

---

[94] Stefan Helmreich e Heather Paxson, "Sex on the Brain: A Natural History of Rape and the Dubious Doctrines of Evolutionary Psychology", in Catherine Besteman e Hugh Gusterson (orgs.), *Why America's Top Pundits Are Wrong: Anthropologists Talk Back*. Berkeley: University of California Press, 2005, pp. 180-205.

de "20 mil mulheres foram estupradas", o ato "vai além do aspecto físico e sexual e se transforma em um instrumento estratégico orquestrado para a guerra. Não é a paternidade que é maximizada aqui; trata-se de um esforço coletivo concentrado para aterrorizar e destruir a integridade cultural do grupo subjugado".[95] Por outro lado, no contexto da escravidão nos Estados Unidos de antes da guerra civil, "o estupro tinha a ver com a relação de propriedade e com a vantagem econômica, e não com um impulso selecionado ao longo da evolução a fim de garantir a contribuição genética do macho para a próxima geração".[96] Já no contexto da vida universitária estadunidense, o estupro coletivo realizado por membros de fraternidades se mostra como "uma forma de estabelecimento de vínculos entre homens" e "um rito de camaradagem masculina, e não de competição entre homens".[97]

Assim, onde os psicólogos evolucionistas postulam causas e mecanismos psicológicos universais que geram o que eles consideram um mesmo efeito (o estupro, por exemplo), os antropólogos culturais enxergam como distintos uma série de comportamentos que à primeira vista parecem idênticos, mas que são constituídos de sentidos culturais fundamentalmente diferentes. Os psicólogos evolucionistas dirão que, ainda assim, o efeito "objetivo" (isto é, genético) é o mesmo, mas nesse processo acabarão por apagar um mundo inteiro de sentidos e de intenções culturais humanos[98] – assim como as consequências dele decorrentes.

95 Ibid., pp. 192–93.
96 Ibid., p. 195.
97 Ibid., p. 196, na mesma linha de Peggy Reeves Sanday, *Fraternity Gang Rape: Sex, Brotherhood, and Privilege on Campus*. New York: New York University Press, 1990.
98 M. D. Sahlins, *The Use and Abuse of Biology*, op. cit., pp. 11–16.

4

CIÊNCIA
E FICÇÃO

Assim como em toda atividade humana, a prática da ciência depende de categorias, de entendimentos e de convenções a respeito de práticas que são inevitavelmente específicas a uma cultura e a um momento histórico. Como apontamos mais cedo, a questão central não é que, diferentemente da ciência "malfeita", a ciência "bem-feita" opere do lado de fora da cultura e sem referência a categorias culturais. Pelo contrário, é exatamente porque reconhece o caráter inescapável de seu posicionamento dentro da cultura que a ciência "bem-feita" deve sempre colocar em questão suas categorias, entendimentos e convenções mais fundamentais através do confronto com evidências contrárias. Pelo menos de modo ideal, o método científico exige que uma hipótese seja testada em confronto com os dados empíricos que contenham potencial para negá-la – isto é, com os aspectos do mundo que sejam relevantes, resistentes e que ainda não tenham sido internalizados em seus pressupostos. É exatamente a incapacidade da psicologia evolucionista em fazer isso que a transforma em uma ciência "malfeita".

Wright sugere que aqueles que contestam as "diferenças mentais inatas entre homens e mulheres [...] [precisaram] se valer dos mais baixos 'padrões de evidência' possíveis – não apresentaram nenhuma evidência concreta, sem falar na flagrante arrogância com que desconsideram a sabedoria popular de todas as culturas do planeta".[1] Mas eu gostaria de voltar essa acusação contra os psicólogos evolucionistas, que construíram suas teorias a partir de analogias e de conjuntos de dados inadequados, do uso de amostras limitadas e enviesadas, de uma gama de conjecturas sem estofo e da invenção pura e simples. O exame dos modos pelos quais os psicólogos evolucionistas constroem suas "evidências" nos oferece uma lição sobre como a ciência "malfeita" toma corpo.

Para começo de conversa, a leitura das obras dos psicólogos evolucionistas deixa dolorosamente óbvio quanto eles entendem de insetos e de aves, mas quão pouco conhecem dos seres humanos. Daly e Wilson observam que, "na psicologia evolucionista, muitos dos melhores trabalhos são conduzidos por etologistas que tratam o *Homo sapiens* como 'apenas mais um animal'".[2] De fato, ainda que possam ter realizado pesquisas de campo sobre os roedores *Dipodomys*, os psicólogos evolucionistas raramente as realizam com sociedades humanas. Ainda que possam ser especialistas no acasalamento entre os anuros *Boana rosenbergi*, sua ignorância sobre a detalhada literatura que trata das variedades de gênero, sexualidade, parentesco e casamento humanos é extraordinária. Mesmo que afirmem saber tudo sobre as estruturas profundas da linguagem, é raro que se preocupem em obter fluência em qualquer língua não ocidental que seja. E, ainda que se sintam confiantes ao atribuir propriedades culturais a animais, é pouco comum que tentem desvendar as complexidades de uma única cultura humana sequer. A questão, portanto, é: o que, nesse

[1] Robert Wright, *The Moral Animal: The New Science of Evolutionary Psychology*. New York: Vintage Books, 1994, p. 150.
[2] Martin Daly e Margo Wilson, "Human Evolutionary Psychology and Animal Behaviour". *Animal Behaviour*, v. 57, 1999, p. 509.

estado de extrema ignorância, passa a contar como conhecimento sobre culturas e sobre diferenças culturais?

ANALOGIAS ORGÂNICAS E INTERESPÉCIES

Ainda que se apresentem como cientistas "de verdade", interessados apenas nos fatos concretos e objetivos, os psicólogos evolucionistas usam uma série de dispositivos literários para criar o que talvez possa ser classificado como uma ficção envolvente, mas que dificilmente resiste às exigências probatórias de uma ciência exata – ou até mesmo de uma ciência humana. Duas das principais ferramentas retóricas usadas são as analogias estabelecidas entre processos sociais e orgânicos, de um lado, e entre seres humanos e outras espécies, de outro.

Em geral, uma das primeiras linhas argumentativas que os psicólogos evolucionistas mobilizam em suas explicações sobre as relações humanas envolve uma analogia entre os "mecanismos de preferência" relacionados à "seleção de parceiros para o acasalamento" e aqueles ligados aos processos orgânicos, como o ato de comer. Ainda assim, e como seria previsível, o foco não está na impressionante criatividade dos sistemas alimentares humanos, mas naquele aspecto mais automático e inconsciente da resposta humana à comida – a náusea e o ato de cuspir ou vomitar alimentos considerados repulsivos.[3] Presume-se que os seres humanos

---

3   David M. Buss, "Mate Preference Mechanisms: Consequences for Partner Choice and Intrasexual Competition", in Jerome H. Barkow, Leda Cosmides e John Tooby (orgs.), *The Adapted Mind: Evolutionary Psychology and the Generation of Culture*. New York: Oxford University Press, p. 253; id., *The Evolution of Desire: Strategies of Human Mating*. New York: Basic Books, 1994, pp. 6-7.

escolham certos parceiros e rejeitem outros assim como apreciam certas comidas e sentem nojo ou aversão de outras. Ao desconsiderar os relatos antropológicos sobre a diversidade de entendimentos culturais que definem o que pode ser considerado comida (seja ela desejável, repulsiva ou qualquer outra coisa) – quanto mais os que se referem a "parceiros de acasalamento" – a estratégia retórica aqui é equiparar um processo manifestamente social (a seleção de um parceiro matrimonial) com o que se presume ser um processo manifestamente orgânico (o ato de evitar comidas pobres em nutrientes e de selecionar comidas nutritivas). Assim, os psicólogos evolucionistas sugerem que as mulheres "podem" apresentar, com relação a homens sem recursos, a mesma náusea normalmente experimentada por seres humanos diante de comidas estragadas. Mesmo que afirmações desse tipo sejam totalmente hipotéticas (marcadas pelo uso da modalidade condicional – "mulheres *podem* fazer x"), delas decorre a atribuição de qualidades naturais, não conscientes e automáticas àquilo que, de outro modo, seria um processo social, altamente consciente e mediado pela cultura. Além disso, a analogia desmorona mesmo sob a análise mais superficial da variedade transcultural de sistemas alimentares. Enquanto o cheiro pútrido de algumas comidas (como o do durião ou o de certos queijos maturados) pode evocar uma reação de náusea em não iniciados, é fonte de distinção e de refinamento entre conhecedores que se encontram integrados a culturas em que esse tipo de comida é valorizado. A ideia de comer carne de cachorro, de porco ou de vaca provocará diferentes formas de repulsa entre estadunidenses, muçulmanos ou hindus. O gosto por certos tipos de comida não é automático nem inconsciente, mas varia de acordo com a cultura e pode ser adquirido; é objeto de comentários culturais detalhados; e é usado como símbolo de diferença étnica, religiosa ou de classe.

O segundo argumento mais usado depois das analogias orgânicas é o que se vale de analogias interespécies. A fim de atribuir sentido a analogias como essas, os psicólogos evolucionistas defendem que muitos dos "mecanismos" mentais relacionados à "escolha de parceiros de acasalamento" não são apenas universais *transculturais*, mas também universais *interespécies* – uma afirmação que parece trazer implícita a ideia de que há uma unidade psíquica entre todos os animais, e não apenas entre humanos! Desse modo, os psicólogos evolucionistas não hesitam em traçar analogias diretas entre as supostas preferências e escolhas de uma gama de insetos, pássaros e mamíferos, de um lado, e as dos humanos, de outro. Tomemos a análise de Buss sobre os pássaros tecelões. O tecelão macho constrói um ninho e, a fim de atrair uma fêmea, "coloca-se de cabeça para baixo e bate as asas de maneira vigorosa".[4] Caso se interesse, a fêmea se aproxima para inspecionar o ninho, enquanto o macho canta para ela. Prestemos atenção à escolha de palavras e à proximidade do elo narrativo traçado entre pássaros e humanos:

> Em qualquer momento dessa sequência de atos a fêmea pode *decidir* que o ninho não atende a seus *padrões* e partir para a inspeção do ninho de outro macho [...]. Ao *exercer uma preferência* por machos capazes de construir ninhos melhores, a fêmea tecelã *soluciona os problemas* de proteção e de nutrição de seus futuros filhotes. Essas *preferências* evoluíram porque ofereceram uma vantagem reprodutiva em relação a outras tecelãs que não tinham preferências e que acasalavam com qualquer macho que aparecesse pela frente.
>
> Assim como as tecelãs, as mulheres preferem homens com "ninhos" mais vistosos.[5]

---

4 D. M. Buss, *The Evolution of Desire*, op. cit., p. 7.
5 Ibid., p. 7. Grifo meu.

Narrativas desse tipo envolvem duas transposições analógicas recíprocas. Primeiro, os animais são "semelhantes" aos humanos e possuem qualidades humanas. Nesse caso, a fêmea do pássaro tecelão é dotada de capacidades mentais humanas – a habilidade de *decidir*, de *exercer uma preferência* e de *escolher* – e age no contexto de uma complexa hierarquia cultural de valores – ela tem *padrões* e *preferências*. Depois, são os humanos que são "semelhantes" aos animais e que possuem qualidades animais. Assim, mulheres também preferem ninhos vistosos ou, "como acontece entre os pássaros mandarins, também as relações humanas parecem ser afetadas pelo valor reprodutivo relativo do parceiro".[6] Da mesma forma que os zoopsicólogos do século passado,[7] os psicólogos evolucionistas tecem a teia de seus argumentos com analogias imaginárias.[8] Mecopteras (assim como homens) escolhem e oferecem "presentes de núpcias substanciais" para atrair suas parceiras; andorinhas machos (assim como machos humanos) recorrem à força para copular; rolas-do-cabo (assim como seres humanos) possuem uma taxa de divórcio de 25% a cada temporada; picanços fêmeas (assim como mulheres) evitam "por completo machos sem

---

6   Id., *The Dangerous Passion: Why Jealousy is as Necessary as Love and Sex*. New York: The Free Press, 2000, p. 142.
7   Nikolai L. Krementsov e Daniel P. Todes, "On Metaphors, Animals, and Us". *Journal of Social Issues*, v. 47, n. 3, 1991, pp. 67-81.
8   Para uma crítica do uso de analogias entre animais e seres humanos na sociobiologia e na psicologia evolucionista, cf., por exemplo, Marshall D. Sahlins, *The Use and Abuse of Biology*. Ann Arbor: University of Michigan Press, 1976; Eleanor Leacock, "Social Behavior, Biology and the Double Standard", in George W. Barlow e James Silverberg, *Sociobiology: Beyond Nature/Nurture?*. Boulder: Westview Press, 1980, pp. 465-88; Andrew P. Vayda, "Failures of Explanation in Darwinian Ecological Anthropology", partes I e II. *Philosophy of the Social Sciences*, v. 25, n. 2, 1995, pp. 219-49; v. 25, n. 3, pp. 360-77.

recursos, relegando-os à solteirice"; ferreirinhas-comuns (assim como humanos) podem ser vistas em "pares monogâmicos, trios poliândricos, trios poligínicos ou mesmo grupos poliginândricos".[9] Essas analogias a um só tempo pressupõem e justificam a existência de uma lógica reprodutiva universal e inconsciente que subjaz não só ao comportamento de todos os *seres humanos*, mas ao de todas as *espécies*. No entanto, a afirmação de uma unidade psíquica interespécies é o artefato de uma transposição de atributos: enquanto as instituições sociais (o casamento, o divórcio) e os valores (padrões, preferências) humanos são atribuídos a espécies não humanas, termos relativos ao comportamento animal são usados para descrever comportamentos humanos (há uma constante referência ao casamento como "acasalamento"). Nesse processo, instituições e valores sociais fundamentais para relações especificamente humanas são completamente desconsiderados. Como Eleanor Leacock sugere, transposições como essas violam um dos princípios fundamentais da teoria da evolução, já que "tomam comportamentos de níveis filogenéticos diferentes e que são apenas análogos, resultando de causas variáveis, e sugerem que são homólogos e derivados de causas similares".[10]

Essa defesa da correspondência interespécies é também o artefato de comparações altamente seletivas entre protago-

---

9 D. M. Buss, *The Evolution of Desire*, op. cit., pp. 11-13, 22; M. Wilson e M. Daly, "The Man Who Mistook His Wife for a Chattel", in J. H. Barkow et al. (orgs.), *The Adapted Mind*, op. cit., pp. 293, 295, 298; ver, ainda, M. Daly e M. Wilson, *The Truth about Cinderella: A Darwinian View of Parental Love*. New Haven: Yale University Press, 1999.
10 E. Leacock, "Social Behavior, Biology and the Double Standard", op. cit., p. 480. Ver também M. D. Sahlins, *The Use and Abuse of Biology*, op. cit., pp. 6-7; Jonathan Marks, *Human Biodiversity: Genes, Race, and History*. New York: Aldine de Gruyter, 1995, pp. 223-26.

nistas animais e humanos. Para contar uma história bastante diferente daquela propagada pelos psicólogos evolucionistas, basta escolher outro conjunto de animais protagonistas. Não é preciso ir tão longe quanto as mecópteras para desenvolver o argumento. Dentre nossos parentes primatas próximos, duas espécies de chimpanzés são mais do que suficientes. Como pergunta a bióloga Anne Fausto-Sterling: "Quem devemos escolher como nossa fêmea-modelo? As fêmeas da espécie mais conhecida de chimpanzé estão associadas a um padrão de hormônios e de cópula, mas a fêmea bonobo pratica sexo de modo regular com machos e fêmeas e, aparentemente, utiliza o intercurso não só para a reprodução, mas também como forma de mediação social".[11] A análise do comportamento sexual polimórfico das fêmeas bonobos confrontaria de modo direto as explicações estereotipadas de gênero e de parentesco propagadas pelos psicólogos evolucionistas – que, desse modo, se cercam de todos os cuidados para evitar exemplos como esse e oscilam bastante entre as espécies que selecionam (desde o maçarico-pintado até a *Boana rosenbergi* ou o elefante-marinho), de modo a encontrar comportamentos animais que confirmarão os estereótipos de gênero essenciais à narrativa desejada.

No fim, as analogias entre a vida das mecópteras ou dos elefantes-marinhos e a dos humanos só são possíveis porque o atributo distintivo dos seres humanos – grandes cérebros capazes de inventar uma ampla variedade de comportamentos cultural-

---

[11] Anne Fausto-Sterling, "Beyond Difference: Feminism and Evolutionary Psychology", in Hilary Rose e Steven Rose (orgs.), *Alas, Poor Darwin: Arguments against Evolutionary Psychology*. New York: Harmony Books, 2000, p. 223; ver também Jonathan Marks, *Human Biodiversity*, op. cit., p. 224.

mente diferentes – está totalmente de fora das análises dos psicólogos evolucionistas. Para eles, as decisões e as escolhas "residem no interior do organismo" *de todas as espécies* na forma de processos inatos e não conscientes que são transmitidos pelos genes e movidos por uma suposta lógica universal de interesse genético individual. Nesse processo, a capacidade mental humana para a razão, para a emoção e para a escolha é removida da consciência e passa a ser inteiramente naturalizada e atribuída aos genes, enquanto se desconsidera o papel da cultura como referencial conceitual que medeia a experiência e os comportamentos humanos no mundo. De modo paradoxal, o excesso de analogias produzidas pelos psicólogos evolucionistas é um bom exemplo da criatividade da mente humana – da capacidade de improvisar novos constructos simbólicos –, ainda que dificilmente seja o indicativo de uma pesquisa científica séria.

A INVENÇÃO DE ESTRUTURAS TRANSCULTURAIS PROFUNDAS

A naturalização de mecanismos psicológicos em estruturas profundas de caráter genético permite que os psicólogos evolucionistas postulem a diversidade cultural como um tipo de estrutura fenotípica superficial ativada por fatores "ambientais" distintivos.[12] Mesmo que reconheçam a complexidade e a diver-

---

12 D. M. Buss, "Evolutionary Personality Psychology". *Annual Review of Psychology*, v. 42, 1991, pp. 459-91; id., "Mate Preference Mechanisms: Consequences for Partner Choice and Intrasexual Competition", in J. H. Barkow et al. (orgs.), *The Adapted Mind*, op. cit., pp. 249-66; id., *The Evolution of Desire*, op. cit.; John Tooby e Leda Cosmides, "The Innate Versus the Manifest: How Universal Does Universal Have to Be?

sidade da cultura, os psicólogos evolucionistas dão primazia, como já vimos, àquilo que afirmam ser "a ubiquidade da mentalidade central". Muito de sua teoria se fundamenta na suposta universalidade dessa "mentalidade central".[13] A afirmação tanto da natureza inata desses mecanismos quanto de sua origem em ambientes adaptativos primordiais se equilibra de forma precária sobre essa universalidade.

Por conta disso, os psicólogos evolucionistas mobilizam uma vasta quantidade de estudos de "preferências" na tentativa de estabelecer a universalidade dos mecanismos psicológicos. Esses estudos são quase sempre organizados em uma ordem narrativa específica: depois das pesquisas sobre insetos, pássaros e abelhas, aparecem aquelas realizadas com universitários estadunidenses; depois, com estadunidenses de forma mais ampla; em seguida, com sociedades de caçadores-coletores, nas quais se utilizam de pitadas de etnografia antropológica; por fim, recorre-se à tão citada investigação de Buss com 37 sociedades. Do enorme conjunto de culturas humanas que poderiam ser estudadas, quão representativa e confiável é a amostra representada nas pesquisas dos psicólogos evolucionistas?

Os dados principais e mais detalhados sobre as "preferências de acasalamento" vêm dos Estados Unidos – não de uma amostra aleatória de estadunidenses, mas de uma população bastante enviesada a que os pesquisadores universitários têm acesso imediato: estudantes de graduação entre 17 e 21 anos. De tempos em tempos, os psicólogos evolucionistas consultam ou realizam

---

(Commentary on Buss 1989)". *Behavioral and Brain Sciences*, v. 12, 1989, pp. 36-37.

13 M. Wilson e M. Daly, "The Man Who Mistook His Wife for a Chattel", op. cit., p. 291.

estudos que abrangem outras populações dos Estados Unidos, como aquelas que escrevem para classificados amorosos ou que frequentam bares para solteiros. Mas o grupo mais pesquisado é, de longe, o dos estudantes universitários – um grupo "cativo" cujas "respostas padronizadas na forma de testes", admitem Wilson e Daly, "podem ou não ter alguma relação com a vida desses jovens".[14] Ainda que em geral não representem nem mesmo os estadunidenses, essas populações são utilizadas com muita frequência como modelos para toda a espécie humana.

Não é que os psicólogos evolucionistas não saibam que há estudos antropológicos sobre outras culturas. Contudo, eles são extremamente seletivos quanto ao que leem, aos tipos de sociedade que consideram valer a pena conhecer e aos detalhes que merecem ser notados. Como supõem que os mecanismos psicológicos se originaram em um ambiente incipiente de adaptação evolutiva, que imaginam ter sido o das sociedades de caçadores-coletores, os psicólogos evolucionistas estão interessados principalmente naquilo que enxergam como "relíquias" contemporâneas das sociedades de caçadores-coletores originais. Além disso, mostram uma predisposição bastante específica a ler apenas aqueles autores cujas análises reducionistas biologizantes estão mais de acordo com suas próprias pressuposições sobre as sociedades de caçadores-coletores – como Napoleon Chagnon sobre os Yanomami do Brasil ou Kim Hill e A. Magdalena Hurtado sobre os Aché do Paraguai.[15] Os psicólogos evolucionistas são incapazes

---

14 Ibid.
15 Para estudos sobre os Yanomami e os Aché, ver Napoleon Chagnon, *Yanomamö: The Fierce People*. New York: Holt, Rinehart and Winston, 1968; e Kim Hill e A. Magdalena Hurtado, "Hunter-gatherers of the New World". *American Scientist*, v. 77, 1989, pp. 437-43.

de ler autores cujas análises de sociedades de caçadores-coletores representariam um grave obstáculo para suas teorias – como Ann Fienup-Riordan sobre os esquimós yupik, ou Signe Howell sobre os Chewong da Malásia,[16] para citar apenas duas – e ficam "intrigados" quando grupos de caçadores-coletores como os aborígenes australianos não se encaixam em seus modelos imaginários.[17] Eles também não conseguem entender que os povos caçadores-coletores contemporâneos dificilmente se enquadrariam como "relíquias" isoladas e que, na verdade, vivem em relações complexas com vizinhos rurais e urbanos, foram submetidos a uma longa história colonial e de atividade missionária, são cidadãos de Estados-nação e participantes da nova economia global e política.[18] As suposições de que os grupos de caçadores-coletores de hoje ofereceriam uma janela com vista para as condições de existência no ambiente adaptativo imaginário de milhões de anos atrás é, portanto, bastante problemática.

Em raras ocasiões, os psicólogos evolucionistas acabam por expandir seus horizontes para além dos grupos de caçadores-coletores e por consultar outras obras antropológicas. Quando o fazem, no entanto, são extremamente seletivos quanto ao que aprendem de suas leituras. Buss, por exemplo, parafraseia Bronislaw Malinowski para dizer que as mulheres trobriandesas

---

16   Para estudos sobre os esquimós yupik e os Chewong da Malásia, cf. respectivamente Ann Fienup-Riordan et al., *Hunting Tradition in a Changing World: Yup'ik Lives in Alaska Today*. New Brunswick: Rutgers University Press, 2000, e Signe Howell, *Society and Cosmos: Chewong of Peninsular Malaysia*. Chicago: University of Chicago Press, 1989.

17   M. Wilson e M. Daly, "The Man Who Mistook His Wife for a Chattel", op. cit., p. 300.

18   A. Fienup-Riordan, *Eskimo Essays: Yup'ik Lives and How We See Them*. New Brunswick: Rutgers University Press, 1990.

não oferecem favores sexuais a homens que não exibam recursos na forma de presentes, um detalhe que emprega para dar sustentação à própria tese de que as mulheres favorecem de modo universal homens com recursos.[19] Buss ignora, no entanto, muitos dos detalhes do trabalho de Malinowski – no que se incluem extensas evidências, destacadas em um momento anterior, sobre a sexualidade trobriandesa pré-conjugal e sobre a precocidade sexual das mulheres – que comprometeriam seriamente as suposições do psicólogo evolucionista sobre os mecanismos psicológicos inatos das mulheres. De modo similar, Daly e Wilson observam que, "na ilha do Pacífico [...] de Tikopia, um homem que adquirisse uma esposa que já fosse mãe seria bastante claro quanto à sua indisposição para investir nos filhos de seu predecessor [...] e exigiria que eles fossem ou doados ou destruídos".[20] Esses autores não investigam, contudo, a extensa literatura sobre a incidência generalizada de adoções e de apadrinhamentos na Oceania e em outras partes,[21] já que esse fato não dá sus-

---

19 D. M. Buss, *The Evolution of Desire*, op. cit., p. 86. Cf. Bronislaw Malinowski, *A vida sexual dos selvagens do noroeste da Melanésia* [1929], trad. Carlos Sussekind. Rio de Janeiro: Francisco Alves Editora, 1982.
20 M. Daly e M. Wilson, *The Truth about Cinderella*, op. cit., p. 23. Sem referência à citação original.
21 Ver, por exemplo, Vern Carroll (org.), *Adoption in Eastern Oceania*. Honolulu: University of Hawaii Press, 1970; Judith S. Modell, *Kinship with Strangers: Adoption and Interpretations of Kinship in American Culture*. Berkeley: University of California Press, 1994; id., "Rights to Children: Foster Care and Social Reproduction in Hawai'i", in Sarah Franklin e Helena Ragoné, *Reproducing Reproduction: Kinship, Power, and Technological Innovation*, Philadelphia: University of Pennsylvania Press, 1998, pp. 156-72; Barbara Bodenhorn, "'He Used to be My Relative': Exploring the Bases of Relatedness among Iñupiat of Northern Alaska", in Janet Carsten (org.), *Cultures of Relatedness: New Approaches to the Study of Kinship*. Cambridge: Cambridge University

tentação ao argumento de que o parentesco pode ser reduzido a um investimento lógico de automaximização genética.

Os psicólogos evolucionistas não só pinçam as partes favoráveis dos registros etnográficos; também é frequente que os distorçam abertamente. Um exemplo típico: em sua análise da literatura etnográfica sobre as sociedades que, segundo relatos, carecem da dupla moral e de manifestações do ciúme masculino, Daly, Wilson e Weghorst fazem uso da abordagem de Hortense Powdermaker sobre a sexualidade lesu, que examinamos anteriormente. Os três autores reconhecem o relato de Powdermaker sobre as relações sexuais extraconjugais das mulheres lesu e a predisposição do marido a aceitar todos os filhos da esposa como seus. Na sequência, porém, chegam a descartar o significado da evidência apresentada por Powdermaker, que é contrária a suas próprias suposições, ao distorcerem três detalhes – dois que se relacionam à certeza da paternidade e um que se relaciona ao ciúme. Primeiro, sugerem que as "esposas lesu procuram evitar a gravidez extraconjugal".[22] Seria de se supor, da leitura desse trecho, que os autores queiram dizer que as esposas lesu usam alguma forma de controle de natalidade em seus encontros extraconjugais. Mas o que Powdermaker de fato diz é que, "depois de praticar o intercurso com o amante, a esposa o realiza no dia seguinte com o marido, e isso faz com que todos os filhos passem a ser deste".[23] Como é de se presumir, contudo, o subsequente intercurso da mulher com o marido assegura a paternidade social, mas nem sempre a

---

Press, 2000, pp. 128-48; e Fiona Bowie, *Cross-Cultural Approaches to Adoption*. London: Routledge, 2004.

22 M. Daly, M. Wilson e Suzanne J. Weghorst, "Male Sexual Jealousy". *Ethology and Sociobiology*, v. 3, 1982, p. 21.

23 Hortense Powdermaker, *Life in Lesu: The Study of a Melanesian Society in New Ireland* [1933]. New York: W. W. Norton, 1971, p. 245.

genética – isto é, a não ser que se acredite que a "competição entre espermas" sempre protege a paternidade do marido contra aquela do amante. As mulheres lesu de fato usam uma forma de controle de natalidade – não especificamente para evitar a gravidez fora do casamento, conta Powdermaker, mas para evitar as dores do parto novamente e para garantir que possam continuar a participar das danças rituais e de novas aventuras sexuais.[24]

Na sequência, Daly, Wilson e Weghorst observam que, caso uma mulher não casada engravide, seu amante não é obrigado a se casar com ela – e citam a primeira de duas razões mencionadas por Powdermaker ("ele não sabe se o filho é realmente seu, já que é provável que a mulher possua vários amantes"),[25] mas não a segunda ("ele só estava atrás do intercurso, e não do casamento, e os melanésios distinguem claramente entre os dois").[26] Daly, Wilson e Weghorst parecem não entender como integrar a segunda razão ao fato anteriormente observado de que o marido aceita todos os filhos da esposa como se fossem seus. O que importa é que é o *casamento* que atribui responsabilidades quanto aos filhos de uma mulher, e não o *intercurso sexual*. Os filhos nascidos fora do casamento não são estigmatizados, e nenhuma mulher espera que seus parceiros pré ou extraconjugais se responsabilizem pelos filhos dela: essa responsabilidade é do homem com quem ela se casa, e ele a aceita de bom grado.

Por fim, Daly, Wilson e Weghorst argumentam que "Powdermaker descreve o espancamento da esposa como uma punição pelo adultério tanto em casos relatados [...] quanto em contos

---

24 Ibid., p. 243, sobre o controle de natalidade das mulheres lesu.
25 M. Daly, M. Wilson e S. J. Weghorst, "Male Sexual Jealousy", op. cit., p. 21
26 H. Powdermaker, *Life in Lesu*, op. cit., p. 246.

populares".²⁷ Os autores, no entanto, deixam de listar muitos dos detalhes relatados por Powdermaker:²⁸ que o ciúme de relações extraconjugais é de longe uma exceção, e não a norma; que, nas raras ocasiões em que é expresso, é comum que seja demonstrado por homens e por mulheres (dois dos quatro casos de ciúme relatados envolviam mulheres); que as mulheres são tão capazes de expressar ciúme violento quanto os homens; que em um dos casos de espancamento a que fazem referência, o marido bateu na esposa porque ela expressava o *próprio* ciúme causado pelos flertes que *o marido* trocava com outras mulheres, e não o contrário; que esse mesmo marido – um dos apenas dois homens que, segundo relatado, expressaram ciúme violento – era psicologicamente instável e propenso a ataques "de loucura" inconscientes que aconteciam de forma periódica desde a infância; e, por fim, que, em acréscimo aos contos populares que continham manifestações de ciúme, havia "muitos outros contos em que homens e mulheres possuíam amantes, mas nos quais não havia ciúme".²⁹ Quando todos os detalhes do relato de Powdermaker são revisitados, é difícil entender como o material sobre os Lesu poderia ser mobilizado na forma de evidência a favor das afirmações dos autores sobre o caráter universal da dupla moral e do ciúme sexual masculino violento ou como Daly, Wilson e Weghorst poderiam – e puderam – descartar as numerosas evidências em sentido contrário.

Meu objetivo aqui não é implicar com detalhes. Em vez disso, pretendo indicar os tipos de conhecimento que estão em funcionamento nessas explicações. Os psicólogos evolucionistas não

---

27 M. Daly, M. Wilson e S. J. Weghorst, "Male Sexual Jealousy", op. cit., p. 21.
28 H. Powdermaker, *Life in Lesu*, op. cit., pp. 248-51.
29 Ibid., p. 251.

só pinçam os detalhes adequados às suas pressuposições – e com frequência os interpretam da forma errada –, mas também simplesmente ignoram a literatura antropológica mais ampla sobre temas relevantes e o todo cultural complexo a partir do qual esses detalhes foram selecionados. Em suma, os psicólogos evolucionistas moldam as "evidências" para adequá-las a noções preconcebidas – uma prática que com excessiva frequência se apresenta em raciocínios dedutivos nas ciências sociais.

Como a vasta biblioteca de descrições antropológicas elaboradas sobre outros sistemas de vida social nitidamente não dá sustentação às aspirações e às afirmações da psicologia evolucionista, Buss e seus colegas realizaram suas próprias pesquisas sobre "as preferências humanas de acasalamento" em 37 culturas diferentes.[30] Talvez fosse possível desculpar a omissão de toda a literatura antropológica e a alta dependência dos psicólogos evolucionistas quanto a esse único estudo se seus realizadores houvessem, de uma forma ou de outra, analisado as diferenças culturais encontradas. Contudo, muitos estudiosos apontam – inclusive o próprio Buss – para as deficiências consideráveis do texto. Não só 27 das 37 sociedades que integram a amostra ou são europeias ou têm forte influência europeia, mas as amostras também são "enviesadas em direção a culturas urbanizadas e de economia monetária"[31] em detrimento de economias rurais e não monetárias. Além disso, a

---

30 Sobre a pesquisa de Buss com 37 sociedades, cf. D. M. Buss, "Sex Differences in Human Mate Preferences: Evolutionary Hypotheses Tested in 37 Cultures". *Behavioral and Brain Sciences*, v. 12, 1989, pp. 1-49; e D. M. Buss et al., "International Preferences in Selecting Mates: A Study of 37 Cultures". *Journal of Cross-Cultural Psychology*, v. 21, n. 4, 1990, pp. 5-47.

31 D. M. Buss, "Sex Differences in Human Mate Preferences", op. cit., p. 13. Cf também A. Fausto-Sterling, "Beyond Difference", op. cit.,

própria natureza do "instrumento" de pesquisa inclui categorias *a priori*, muitas das quais derivam de suposições teóricas sobre quais seriam os critérios relevantes – por exemplo, boa perspectiva financeira, status social favorável, castidade, boa aparência. Ao mesmo tempo, foram excluídas várias categorias que qualquer antropólogo consideraria importantes para um estudo transcultural sobre o casamento – por exemplo, relações entre primos, hipergamia e hipogamia, exogamia e endogamia, casta, raça e religião, para citar algumas. Por fim, há uma total negligência quanto ao levantamento de categorias que os próprios entrevistados poderiam ter considerado relevantes.

Limitações consideráveis à parte, o que mais impressiona nos resultados do estudo é seu fracasso em dar sustentação aos mecanismos de preferência diferenciados por gênero originalmente previstos. De dezoito possíveis características investigadas, as primeiras quatro (atração mútua; caráter confiável; estabilidade emocional e maturidade; temperamento agradável) são ranqueadas na mesma ordem por homens e mulheres, e as quatro seguintes (boa saúde; educação e inteligência; sociabilidade; vontade de constituir um lar e de ter filhos) incluem as mesmas categorias para homens e mulheres, ainda que não necessariamente na mesma ordem. Nenhum desses critérios oferece suporte à proposição dos psicólogos evolucionistas de que as preferências de acasalamento são guiadas por mecanismos de preferência diferentes para cada gênero. Na verdade, como Buss admite, esses dados sugerem que pessoas de ambos os sexos dão muito mais prioridade a uma série de outros critérios em detrimento daqueles que são essenciais para a tese evo-

p. 217; e Gerald Borgia, "Typology and Human Mating Preferences". *Behavioral and Brain Sciences*, v. 12, 1989, p. 16.

lucionista, "o que sugere que as preferências de acasalamento típicas da espécie podem ser mais potentes do que as preferências ligadas ao sexo".[32]

Não só as oito categorias mais bem ranqueadas deixam de mostrar qualquer elo perceptível com a tese evolucionista de preferências diferenciadas por gênero, mas duas das cinco previsões – aquelas ligadas à preferência feminina por homens ambiciosos e engenhosos e aquelas ligadas à preferência masculina por mulheres recatadas – apresentaram alta variação cultural. Como já observado antes, a significância da variação cultural que contradiz os supostos universais dos psicólogos evolucionistas é ou simplesmente descartada ou explicada por um apelo súbito a "fatores culturais" que, em outras ocasiões, estariam completamente ausentes da narrativa da psicologia evolucionista. Ainda assim, os psicólogos evolucionistas nunca especificam quando ou como esses fatores culturais ou "ambientais" entram em jogo, que relação mantêm com os mecanismos psicológicos determinados pelos genes ou por que operam esporadicamente.[33]

Por fim, há um etnocentrismo generalizado nas análises dos psicólogos evolucionistas. O que se toma como universal e inato são, no fim das contas, apenas as categorias culturais do próprio pesquisador disfarçadas. As formações culturais que não estão em harmonia com esses pressupostos culturais são consideradas respostas secundárias – fenotípicas ou genotípicas. A especificidade cultural e histórica dessas supostas categorias

---

32 D. M. Buss, "Sex Differences in Human Mate Preferences", op. cit., p. 13.
33 Alice H. Eagly e Wendy Wood, "The Origins of Sex Differences in Human Behavior: Evolved Dispositions Versus Social Roles". *American Psychologist*, v. 54, n. 6, 1999, p. 410.

universais e inatas não é percebida porque esses pesquisadores já concluíram a tarefa de naturalizá-las antes mesmo de haver começado a investigá-las transculturalmente.

HISTÓRIA EVOLUCIONISTA E GENÉTICA: A VERSÃO CARICATURAL

Mesmo que os psicólogos evolucionistas conseguissem encontrar um "mecanismo de preferência psicológica" universal, ainda haveria dois passos cruciais a serem dados em seus argumentos. Seria necessário mostrar não só que esse mecanismo se originou no ambiente evolutivo do Pleistoceno com o objetivo de servir a algum propósito adaptativo, mas também que sua transmissão ocorreu por meio dos genes desde aquele momento até os dias de hoje. É nesse ponto, no entanto, que o argumento se revela pura conjectura – a que os psicólogos evolucionistas chamam engenharia reversa –, o que pode ser reconhecido pela gramática, na adoção do modo condicional em sua escrita.

Dentre os muitos problemas das conjecturas sobre origens evolutivas, dois se destacam: uma falta impressionante de precisão quanto ao tempo, ao lugar e às circunstâncias do ambiente da adaptação evolutiva; e uma igualmente incrível especificidade quanto à natureza das relações sociais desenvolvidas nesse tempo e nesse lugar hipotéticos. Considerada a importância que é dada a esse "ambiente de adaptação evolutiva" originário, é desconcertante que descrições ou análises de suas características principais sejam tão raras. Mas, como argumenta Fausto-Sterling:

> Não é um despropósito exigir que os construtores de hipóteses da psicologia evolucionista ao menos postulem em que ponto na

história dos seres humanos ou dos hominídeos imaginam que os comportamentos reprodutivos contemporâneos tenham aparecido pela primeira vez. "Durante o Pleistoceno" é bastante vago. Que evidência mostra que não foi antes ou depois? [...] Quais eram as preocupações com a alimentação e com os predadores naquele momento? Dados sobre esses assuntos podem ser recolhidos dos registros arqueológicos e geológicos. Como os seres humanos respondiam? Dados biogeográficos podem ser aproveitados nesse aspecto. Qual era a divisão do trabalho durante esse período inicial da evolução? Ou será que a divisão do trabalho com base no gênero só surgiu mais tarde?[34]

Os psicólogos evolucionistas não parecem interessados nessas e em muitas outras questões sobre a natureza do ambiente da adaptação evolutiva. Também aparentam ser ignorantes – ou desinteressados – quanto às relevantes evidências paleontológicas, arqueológicas, geológicas e climatológicas, além de pouco dispostos a testar suas teorias à luz dessas descobertas.

Qual seria a significância, para as teorias evolucionistas, das evidências de que não houve apenas um ambiente único e imutável de adaptação evolutiva? Com base no trabalho de Richard Potts, diretor do Programa de Origens Humanas do Museu Nacional de História Natural da Smithsonian, Kathleen Gibson cita dados que mostram que os ambientes adaptativos dos hominídeos apresentavam variações e flutuações:

> Há cerca de 2,4 milhões de anos, os *habitats* de savana estavam em expansão e, por volta de 1,8 milhão de anos atrás, surgiram os primeiros hominídeos totalmente bípedes. Durante esse período, con-

---

[34] A. Fausto-Sterling, "Beyond Difference", op. cit., p. 214.

tudo, e ao longo do subsequente Pleistoceno, evidências indicam que as temperaturas globais e os níveis médios do mar flutuavam com frequência, o que levava a mudanças periódicas nos climas terrestres. No sítio arqueológico da Garganta de Olduvai, por exemplo, o *habitat* era às vezes o de um ambiente relativamente úmido, lacustre, mas em outras ocasiões era seco e semiárido. Essas flutuações climáticas resultaram em repetidas e significativas mudanças na fauna e na flora disponíveis para o consumo humano.[35]

Os psicólogos evolucionistas reconhecem que o conceito de "ambiente de adaptação evolutiva" é "uma ficção, um retrato falado", e que o ambiente ancestral na verdade "mudou muito no curso da evolução humana".[36] Mas, diante do fato de que as adaptações evolutivas sempre se vinculam a ambientes *locais*, e não fictícios e genéricos, a ficção se mostra completamente sem sentido e enganosa.

Além disso, a evocação contínua de um único ambiente fictício e imutável permite que os psicólogos evolucionistas suprimam a relevância da variabilidade dos ambientes ancestrais instáveis, que de outro modo poderia ameaçar suas teorias sobre a mente e a cultura. Pois, como observa Gibson, a natureza flutuante e variável de ambientes ancestrais – e de suas flora e fauna – indica que,

---

35 Kathleen R. Gibson, "Epigenesis, Brain Plasticity, and Behavioral Versatility: Alternatives to Standard Evolutionary Psychology Models", in S. McKinnon e Sydel Silverman (orgs.), *Complexities: Beyond Nature and Nurture*. Chicago: University of Chicago Press, 2005, p. 26, em referência a Richard Potts, *Humanity's Descent: The Consequences of Ecological Instability*. New York: William Morrow and Co., 1996, e "Variability Selection in Hominid Evolution". *Evolutionary Anthropology*, v. 7, 1998, pp. 81-96.

36 R. Wright, *The Moral Animal*, op. cit., p. 38.

antes do surgimento de nossa espécie, os hominídeos que nos precederam já demonstravam uma versatilidade comportamental que permitia a sobrevivência sob condições climáticas e geográficas variadas. Isso sugere que a seleção natural favoreceu os hominídeos dotados de capacidades neurais e mentais para resolver novos problemas, e não aqueles capazes de resolver apenas os problemas encontrados por seus ancestrais.[37]

Ainda assim, os psicólogos evolucionistas não testam suas teorias contra esse retrato mais realista dos ambientes ancestrais dos humanos. Satisfeitos em operar com uma "ficção", deixam-nos a invocar imagens da vida no Pleistoceno a partir de nossas memórias de dioramas de museus de história natural e de seriados dramáticos de televisão dos anos 1950.

Muito embora as características específicas do ambiente original de adaptação estejam completamente ausentes das análises dos psicólogos evolucionistas, as características das relações sociais daquele ambiente são oferecidas com uma especificidade assombrosa, apesar do fato de que nossa capacidade de conhecê-las seja limitadíssima. Os paleontólogos conseguem ler certas coisas a partir dos ossos e das pedras que constituem as evidências disponíveis – sobre a fisiologia, a dieta e a produção de alimentos, por exemplo. Mas é impossível ler as especificidades das relações sociais (no que se incluem aquelas do sexo, do gênero, do parentesco, do casamento) com base na evidência fóssil de que dispomos.[38]

---

[37] K. R. Gibson, "Epigenesis, Brain Plasticity, and Behavioral Versatility", op. cit., p. 26.
[38] Stephen Jay Gould, "More Things in Heaven and Earth", in H. Rose e S. Rose (orgs.), *Alas, Poor Darwin*, op. cit., p. 120.

Se é impossível extrair a organização social a partir dos registros fósseis, como poderíamos enxergar a psicologia por trás dos fragmentos de ossos e de pedras? É justamente porque o registro fóssil é e sempre será completamente afônico em termos de psicologia que os psicólogos evolucionistas podem (e devem, caso pretendam ter uma história para contar) preencher as lacunas com detalhes fabricados por eles mesmos e que acabam inevitavelmente por se revelarem estereótipos contemporâneos (quando não vitorianos) de psicologia de gênero projetados na forma de uma história evolutiva profunda sob a insígnia da "engenharia reversa". Mas, como Hilary Rose observa, "se o sexo de Lucy[39] é algo importante para o debate teórico, afirmações quanto à certeza de uma psique pré-histórica inata parecem ser de uma superficialidade extraordinária".[40]

E, ainda assim, os psicólogos evolucionistas exigem de nós não só que aceitemos essas representações caricaturais das nossas origens evolutivas, mas também que acreditemos que nada mudou nos milênios passados desde então. Apesar da ascensão e da queda de mundos culturais de complexidades e variedades tremendas, apesar de tudo que pode ser aprendido e modificado na paisagem variada da cultura humana, querem que acreditemos que os desejos, as motivações e as intenções humanas já foram estabelecidos de uma vez por todas e permanecem geneticamente programados.

---

[39] Lucy, também chamada de Dinknesh, é como ficou conhecida a fêmea de *Australopithecus afarensis* de 3,2 milhões de anos cujo fóssil foi encontrado em 1974 no sítio arqueológico de Hadar, na Etiópia, pelo paleoantropólogo Donald Johanson e pelo então estudante Tom Gray. [N. T.]

[40] H. Rose, "Colonizing the Social Sciences?", in H. Rose e S. Rose (orgs.), *Alas, Poor Darwin*, op. cit., p. 141.

O mesmo modo conjectural marca o salto da defesa de universais para a defesa de capacidades hereditárias inatas. Em uma passagem típica, Buss argumenta que "a seleção sexual *poderia ter* moldado, de forma direta e ao longo de milhares de gerações, mecanismos psicológicos que produzem táticas eficientes de competição sexual",[41] ou, ainda, que "os homens contemporâneos preferem mulheres jovens porque herdaram de seus ancestrais masculinos uma preferência que está diretamente focada nesse atributo como indicador do valor reprodutivo de uma mulher".[42] Aqui, a hereditariedade de mecanismos psicológicos imutáveis é simplesmente afirmada, porque se encaixa na teoria e preenche uma lacuna daquilo que jamais poderemos saber sobre os estados sociais e psicológicos dos humanos ancestrais da vasta pré-história humana. No final, os passos mais cruciais na argumentação dos psicólogos evolucionistas – que ligariam a suposta universalidade do comportamento contemporâneo a um ambiente de adaptação evolutiva ancestral e a mecanismos psicológicos inatos forjados pelas seleções natural e sexual – não passam de conjecturas de uma narrativa de origens míticas.

Mais uma vez, os psicólogos evolucionistas não estão dispostos a permitir que o que nós *sabemos* sobre a evolução humana colida com o que pretendem *conjecturar* sobre a evolução humana nem a lidar com as consequências dessas evidências para suas teorias sobre mente e cultura. Consideremos, por exemplo, o fato bastante consolidado de que o desenvolvimento da cultura não foi resultado, mas antes precedeu e foi simultâneo ao surgimento biológico do *Homo sapiens*. Como Clifford Geertz ressalta, "a transição para um tipo de vida cul-

---

41 D. M. Buss, "Mate Preference Mechanisms", op. cit., p. 263. Grifo meu.
42 Id., *The Evolution of Desire*, op. cit., p. 52.

tural demorou alguns milhões de anos até ser conseguida pelo gênero *Homo*. Assim retardado, isso envolveu não apenas uma ou um punhado de mudanças genéticas marginais, porém uma sequência, longa, complexa e estreitamente ordenada".[43] Assim, o desenvolvimento de adaptações *culturais* foi essencial para o desenvolvimento de adaptações *biológicas*. Como consequência disso, acrescenta Sahlins,

> é bastante razoável supor que as disposições que observamos no homem moderno, e mais notadamente a capacidade – na verdade, a necessidade – de organizar e de definir essas disposições de modo simbólico, são efeitos de uma seleção cultural prolongada [...]. Quando todas as implicações desse simples mas poderoso argumento forem finalmente extraídas, uma boa parte do que hoje passa como "base" biológica do comportamento humano será mais bem compreendida como a mediação cultural do organismo.[44]

A insistência dos psicólogos evolucionistas na natureza inata do comportamento e da psicologia humanos suprime, assim, não só o papel da cultura em seus processos de desenvolvimento, mas também seu papel na evolução biológica humana. Uma análise daquilo que sabemos sobre o significado da capacidade mental humana para a cultura como fator ativo na história evolutiva do ser humano contestaria de forma contundente uma teoria que entende a mente humana como um agente passivo dos desígnios da seleção natural e que compreende a cultura como um epifenômeno da competição genética.

---

43 Clifford Geertz, *A interpretação das culturas*. Rio de Janeiro: LTC, 1989, p. 34.
44 M. D. Sahlins, *The Use and Abuse of Biology*, op. cit., pp. 13-14.

No fim das contas, a abordagem "científica" oferecida pelos psicólogos evolucionistas é uma ficção criada a partir de analogias ilusórias interespécies, de uma superabundância de pesquisas com universitários, de uma pobreza de experiências com línguas e culturas humanas de verdade, de uma recusa em examinar com seriedade os registros transculturais, históricos ou paleoarqueológicos, da rejeição sumária de outras explicações e evidências, de uma gama de genes fantasiosos e de um conto de fadas sobre origens evolutivas.

Dada a ausência de evidências confiáveis e apropriadas para fundamentar suas análises sobre o comportamento humano, não surpreende que alguns comentaristas tenham notado que a "ciência" da psicologia evolucionista se assemelha mais a uma forma de fundamentalismo religioso, em que somos levados a aceitar uma versão autorizada da realidade movidos apenas pela fé.[45]

---

45 Sobre o fundamentalismo dos psicólogos evolucionistas, ver S. J. Gould, "More Things in Heaven and Earth", op. cit.; Dorothy Nelkin, "Less Selfish than Sacred?: Genes and the Religious Impulse in Evolutionary Psychology", in H. Rose e S. Rose (orgs.), *Alas, Poor Darwin*, op. cit.; H. Rose, "Colonizing the Social Sciences?", op. cit.; e S. Rose, "The New Just So Stories: Sexual Selection and the Fallacies of Evolutionary Psychology". *Times Literary Supplement*, 14 jul. 2000, pp. 3-4.

5
CIÊNCIA E MORALIDADE

Steven Pinker acusa os críticos da psicologia evolucionista de quererem encarar o mundo sob lentes cor-de-rosa que os cegam para o lado mais sombrio da condição humana. Os psicólogos evolucionistas argumentam que, por mais difícil que seja reconhecer o lado perverso da humanidade, alguém precisa fazê-lo – e o trabalho dessas pessoas é lançar a luz fria do realismo científico sobre a natureza humana, inclusive sobre suas partes mais indigestas. Eles ressaltam que, ao contrário de outros cientistas sociais, possuem as chaves para as realidades mais fundamentais da "natureza humana". Somente através da compreensão da lógica evolutiva da maximização genética e da seleção natural, assim como dos mecanismos psicológicos inatos que definem a natureza humana, seremos capazes de lidar com as consequências daí resultantes. O "lado perturbador do acasalamento humano [ciúme, estupro, incesto, violência etc.] precisa ser confrontado", afirma Buss, "caso pretendamos amenizar suas duras consequências".[1] Mas essa luz fria do realismo científico vem sendo conjurada, como já vimos, a partir de uma metodologia incontestavelmente não científica e com uma cegueira congênita ao real significado da variação cultural humana.

1   David M. Buss, *The Evolution of Desire: Strategies of Human Mating*. New York: Basic Books, 1994, p. 5.

Apesar da fragilidade de seus argumentos, a psicologia evolucionista é atraente porque reúne em uma única grande narrativa uma série de crenças que são fundamentais para a cultura euro-estadunidense – sobre o caráter inato das diferenças de gênero e da dupla moral sexual; sobre a naturalidade dos valores econômicos neoliberais do interesse individual, da competição, da escolha racional e do poder do mercado para criar relações sociais; sobre a sobrevivência do mais adaptado e a força determinante dos genes; sobre nossas origens evolutivas e o homem caçador; e sobre a possibilidade de revelar a complexidade da vida por uma única chave. Ao combinar esse tipo popular de crença cultural em uma narrativa envolvente e ao fantasiá-la com os trajes da ciência, os psicólogos evolucionistas atribuem uma aura de verdade única, universal e fundamental àquilo que de outro modo seriam "verdades" próprias a uma única cultura.

Ainda que a ideia de que as complexidades de um fenômeno em particular possam se abrir a nós com uma única chave universal seja uma forma produtiva de reducionismo na física, a pobreza de explicações como essa para a vida social humana tem sido consistentemente ressaltada. De fato, esse tipo de reducionismo científico traz consequências sérias para o modo como podemos começar a pensar os problemas sociais contemporâneos, e mais ainda para como podemos resolvê-los. Esse reducionismo limita os tipos de questão que podemos formular sobre a vida social humana e, portanto, os tipos de resposta que podemos obter. Ele exige uma ignorância seletiva sobre as variedades de formas culturais humanas ou uma inabalável recusa das evidências em sentido contrário.

Ele nos torna tão cegos a futuros alternativos quanto estamos à diversidade de passados históricos. E, de maneira velada, nos prescreve a naturalização de uma representação cultural específica e afirma sua universalidade e inevitabilidade transculturais. Consideremos como o apelo ao poder explicativo universal da seleção natural e aos seus supostos mecanismos psicológicos limita os tipos de perguntas que podem ser feitas e os tipos de explicações que podem ser consideradas convincentes. Analisemos o argumento de Buss de que, não importa quão irracional possa parecer, o ciúme masculino (incluindo o do tipo doentio) é na verdade uma adaptação racional evoluída que surge especificamente em resposta à incontornável incerteza quanto à paternidade. Ao restringir o campo de explicações possíveis do comportamento humano à lógica da proliferação genética e a supostos mecanismos psicológicos fixos que teriam se originado no Pleistoceno, Buss e outros psicólogos evolucionistas interditam rotas mais óbvias para a investigação sobre as origens psicológicas e sobre as diversas formas sociais e as dinâmicas do ciúme. Passa a ser impossível, ainda, fazer certas perguntas. As mulheres sentem ciúme? Se sim, por quê? Por que o ciúme masculino e o feminino se manifestam com tanta intensidade em algumas culturas, mas dificilmente aparecem em outras? Ou por que, em uma mesma cultura, ele se manifesta em algumas pessoas, mas não em outras? Como a questão formulada pelos psicólogos evolucionistas sobre a origem e a função do ciúme contém pressuposições cruciais, nela também já estão contidas suas próprias respostas.

Consideremos como a naturalização da cultura e da agência humanas, assim como a correspondente desconsideração da variação cultural, dão corpo às histórias que se podem contar sobre o passado e às questões que podemos perguntar sobre o presente. Esse processo exige uma supressão planejada de registros históricos e etnográficos para que seja possível insistir nos pressupostos de que os homens controlam de modo universal os recursos e de que, no ambiente da adaptação evolutiva, as mulheres (mas não os homens) teriam desenvolvido uma preferência por parceiros com recursos. Um exame das evidências exigiria uma conclusão diferente e mais complexa e levantaria uma série de questões que são impossíveis de serem concebidas sob a suposição original. Como os trabalhos produtivos dos homens e das mulheres são de fato delineados ao longo da história e entre culturas? Como esses trabalhos se articulam com aqueles de reprodução? Quais são as relações possíveis entre o trabalho produtivo definido pelo gênero e o controle de recursos, e como ambos se relacionam com as origens e as transformações históricas das estruturas de hierarquia e de poder?

Consideremos, também, como a naturalização da cultura e da agência humanas torna impossível imaginar tanto outros futuros quanto outros tipos de passado. Para nos atermos ao tema do controle masculino sobre os recursos, Buss afirma: as "forças que originalmente causaram a desigualdade de recursos entre os sexos, ou seja, as preferências das mulheres e as estratégias competitivas dos homens, são as mesmas que hoje contribuem para a manutenção da desigualdade de recursos".[2] A implicação é a de que essas forças produziram as mesmas estruturas por milênios e dificilmente mudarão. Diante de uma "realidade" tão fundamental e permanente, fica difícil imaginar que outras estruturas de relacionamentos podem estar no horizonte de *possibilidades* humanas (ou mesmo reconhecer que, ao longo da história, estiveram no horizonte das *realidades* humanas). Assim, apesar de suas frequentes exortações em sentido

[2] Ibid., p. 213.

contrário, os psicólogos evolucionistas enxergam sua tarefa não tanto como uma forma de assumirmos a responsabilidade pela "amenização" das desigualdades de gênero, mas sim – e ao gosto dos psicoterapeutas do parentesco evolucionista[3] – como um esforço por ressincronizar nossas características contemporâneas de gênero com aqueles atributos postulados para nossos irmãos e irmãs da savana pré-histórica. Buss traça as linhas gerais do programa: "realizar os desejos evolutivos de cada um é a chave para a harmonia entre um homem e uma mulher [...]. Nossos desejos evoluídos, em suma, oferecem os ingredientes essenciais para a resolução do mistério da harmonia entre os sexos".[4] Wright concorda quando diz que "os terapeutas estarão mais bem equipados para fazer as pessoas felizes assim que entenderem o que a seleção natural *de fato* 'quer' e como, com os humanos, ela 'tenta' consegui-lo".[5]

Dada a lógica reducionista da psicologia evolucionista, é inevitável que os futuros imagináveis reflitam e reiterem os passados imaginados. É essa, em parte, a mensagem do imaginário futurista dos Posner quanto à clonagem. Mesmo que a ausência de bancos de esperma no Pleistoceno, segundo os autores, permita a exploração do potencial de novas tecnologias reprodutivas não alcançadas por aversões inatas, o peso da lógica genética da seleção natural torna inevitável que moldemos nossos futuros de clonagem de acordo com a mesma lógica que supostamente moldou nossa pré-história reprodutiva. Esqueçam os inúmeros

---

3 Kent G. Bailey e Helen E. Wood, "Evolutionary Kinship Therapy: Basic Principles and Treatment Implications". *British Journal of Medical Psychology*, v. 71, 1998, p. 518.
4 D. M. Buss, *The Evolution of Desire*, op. cit., p. 221.
5 Ibid., grifo do original.

etnógrafos que documentaram respostas maravilhosamente criativas e culturalmente variáveis para as novas tecnologias reprodutivas: os psicólogos evolucionistas só conseguem imaginar uma única lógica pré-histórica que daria forma à prática e ao uso da clonagem.[6]

Ou consideremos como a naturalização da cultura e da agência humanas como desígnios da seleção natural inviabiliza de forma significativa a compreensão das origens ou da solução do atual conflito global. O semanário *The Hook*, de Charlottesville, na Virgínia, publicou um artigo intitulado "Why They Kill: Male Bonding + Religion = Disaster" [Por que eles matam: estabelecimento de laços masculinos + religião = desastre], que foi ilustrado com fotografias de "insurgentes" iraquianos de lenço na cabeça e com lança-granadas a tiracolo. No artigo, J. Anderson Thomson, psicólogo evolucionista da Universidade da Virgínia, argumenta que, "se quisermos entender a gênese do terrorismo – no que se inclui o 11 de Setembro –, devemos confrontar os horrores de nossa história evolutiva, o legado sanguinário que ela deixou aos homens e a violência que se oculta no âmago da religião".[7] Quanto à parcela evolucionista de sua afirmação, Thomson explica que as adaptações

---

6 Respostas que variam conforme a cultura para novas tecnologias reprodutivas são descritas, por exemplo, em Helena Ragoné, *Surrogate Motherhood*. Boulder: Westview Press, 1994; Marcia C. Inhorn, *Infertility and Patriarchy: The Cultural Politics of Gender and Family Life in Egypt*. Philadelphia: University of Pennsylvania Press, 1996; id. (org.), *Infertility around the Globe*. Berkeley: University of California Press, 2002; Sarah Franklin, *Embodied Progress*. New York: Routledge, 1997; e Susan Martha Kahn, *Reproducing Jews*. Durham: Duke University Press, 2000.

7 J. Anderson Thomson, "Why They Kill: Male Bonding + Religion = Disaster". *The Hook*, v. 339, 30 set. 2004, p. 27.

sempre lidam com a aptidão, com a capacidade de transmitir genes para as próximas gerações. Conforme o homem evoluiu, as incursões letais por território inimigo permitiram que os machos fossem bem-sucedidos em atrair ou proteger as fêmeas em idade reprodutiva, em enfraquecer os vizinhos que poderiam competir por essas mulheres, em inspirar medo, em se proteger de ataques similares, em expandir suas zonas de segurança e – graças aos ataques em grupo – em reduzir significativamente os riscos a que estavam submetidos.[8]

Thomson casa seu argumento evolucionista sobre a "violência de coalizão estabelecida por laços masculinos" com uma afirmação sobre intolerância religiosa a fim de responder à questão sobre as origens e as dinâmicas do terrorismo global. A irresponsabilidade de uma análise desse tipo e a ignorância que ela exige de nós são monstruosas. Para entender a atual violência no Iraque ou em qualquer outro lugar do mundo, aparentemente não precisamos saber o mínimo que seja sobre a história ou as configurações contemporâneas do relacionamento entre o cristianismo, o judaísmo e o islã, sobre a história do colonialismo no Oriente Médio, sobre os desequilíbrios de poder e de riqueza no mundo, sobre a economia política global contemporânea e o capitalismo neoliberal, sobre as reservas de petróleo e os mercados a elas relacionados, sobre as ideias ocidentais e islâmicas quanto aos Estados-nação e à modernização, sobre as inclinações imperialistas dos Estados Unidos ou sobre as histórias peculiares de violência estadunidense. Ao que tudo indica, basta saber que o desejo masculino inato pela proliferação de seu legado genético impele os homens a formar coalizões que, quando ligadas à religião, resultam em "desastre". Como Sahlins já argumentou, "uma teoria deve ser julgada tanto pela ignorância de que depende quanto pelo conhecimento que supõe oferecer".⁹

Por fim, consideremos o efeito moralizador do fato de que os "desejos evoluídos" da psicologia evolucionista refletem uma conjuntura impressionante de normas de sexualidade vitorianas com os valores econômicos neoliberais que vieram a dominar a atual cena política dos Estados Unidos. Ao naturalizar essas normas e valores na estrutura dos genes e das dinâmicas de uma história evolutiva profunda, os psicólogos evolucionistas produzem o que se revela ser, na prática, um conjunto de prescrições morais. Os psicólogos evolucionistas afirmam distinguir entre fatos e valores e negam o caráter prescritivo de suas proposições. É assim, por exemplo, que Wright declara que "se [...] pareceu que sugeri que as mulheres restringem a própria sexualidade, a intenção não foi transmitir um tom geral de obrigação. Trata-se de um conselho de autoajuda, não de filosofia moral".¹⁰ É por puro acaso que a "moralidade tradicional" está em sintonia com a seleção natural: ela "com frequência encarna uma certa sabedoria utilitarista" e "está repleta de conhecimentos práticos que melhoram nossa vida".¹¹

Ainda assim, na medida em que certos valores culturais são vistos como fatos concretos e adaptações universais, enquanto outros são descartados como não adaptativos ou irrelevantes, os

---

9   Marshall D. Sahlins, *The Use and Abuse of Biology*. Ann Arbor: University of Michigan Press, 1976, pp. 15-16.
10 Robert Wright, *The Moral Animal. The New Science of Evolutionary Psychology*. New York: Vintage Books, 1994, p. 147.
11 Ibid., p. 148.

"fatos" dos psicólogos evolucionistas acabam por se revelar profundamente prescritivos e moralistas. Essas posições preconceituosas que refletem tão pouco acerca de si mesmas acarretam enormes consequências sociais e políticas, já que os entendimentos e as práticas de algumas pessoas passam a ser validados pela autoridade da ciência e ganham aparência de naturais e inevitáveis, enquanto outros são apresentados como não naturais, contingentes e supérfluos. A psicologia evolucionista afirma oferecer uma visão científica, não passional e socialmente neutra sobre a humanidade. A realidade é que essa visão é moldada pela – e serve para a – convalidação de ideias, valores e práticas históricos e culturais particulares que encontram, de forma intencional ou não, afinidades e alinhamentos políticos e econômicos específicos nos Estados Unidos e por todo o globo.

Os psicólogos evolucionistas tentam escapar do caráter prescritivo de suas naturalizações ao sugerir que, para que possamos rejeitar o lado sombrio de nossa herança natural e reduzir suas consequências, precisamos primeiro compreendê-lo. Como Buss aconselha, "o conhecimento de nossas estratégias sexuais adquiridas por meio da evolução nos fornece um tremendo poder para melhorar nossa vida através da escolha de ações e de contextos capazes de ativar algumas estratégias e desativar outras".[12]

Concordemos ou não com esse retrato da natureza humana, há uma ironia final nessa afirmação. De uma hora para outra, os humanos passam a ser capazes de escolhas conscientes; passam a poder criar mundos culturais alternativos a seu bel-prazer. Ao fim e ao cabo, os psicólogos evolucionistas se veem obrigados a apelar justamente às qualidades da

---

12 David M. Buss, *The Evolution of Desire*, op. cit., pp. 13-14.

agência e da criatividade humanas, tão categoricamente desconsideradas por suas teorias, a fim de restabelecer um elemento de redenção a um projeto de outro modo reducionista e determinista.[13]

—

Se, como a antropóloga britânica Marilyn Strathern e outros sugeriram, a cultura consiste "na forma como analogias são estabelecidas entre coisas, na forma como alguns pensamentos são usados para pensar outros",[14] então a rede de analogias com que os psicólogos evolucionistas amarraram seus mitos e fábulas é uma prova bastante robusta da criatividade, da inventividade e da arbitrariedade das construções culturais. Ainda assim, há uma diferença quanto a quais analogias usamos para tecer a teia com que sustentamos nossa vida como seres sociais. A diferença é esta: se a cultura é entendida como a soma de escolhas individuais e de automaximização, e se essas escolhas são naturalizadas no firmamento genético das origens evolutivas, a narrativa daí resultante, regida sob o signo da escolha, conta paradoxalmente uma história sobre a falta de escolha, sobre um mundo em que as hierarquias sociais são estanques, em que a criatividade humana foi aniquilada e no qual apenas certas qualidades humanas são "verdadeiras". Uma narrativa como essa não só desconsidera uma quantidade imensa de evidências históricas e contemporâneas sobre a criatividade humana e a

---

13 Para um argumento similar com relação ao livro *Tábula rasa*, de Steven Pinker, ver H. Allen Orr, "Darwinian Story Telling". *The New York Review of Books*, v. 50, n. 3, 27 fev. 2003.

14 Marilyn Strathern, *Reproducing the Future: Anthropology, Kinship and the New Reproductive Technologies*. New York: Routledge, 1992, p. 33.

diversidade cultural no mundo todo – assim como as verdades de outras realidades culturais –, mas também limita rigorosamente os tipos de perguntas que podemos formular e os tipos de mundos sociais que podemos imaginar e nos empenhar para criar para nós mesmos.

AGRADECIMENTOS

Agradeço a Marshall Sahlins e a Matthew Engelke pela oportunidade de contribuir com este volume para a série da Prickly Paradigm Press, de que sou grande fã. As leituras críticas dos esboços deste texto feitas por Marshall Sahlins, Matthew Engelke, Amy Ninetto e Joseph Hellweg aprimoraram enormemente a versão final. Sou profundamente grata à atenção, ao engajamento intelectual apaixonado com este projeto e ao apoio entusiasmado que recebi deles. Também gostaria de expressar minha gratidão pela Virginia Foundation for the Humanities, em cujos escritórios frescos e silenciosos tive o prazer de passar o verão de 2005 e nos quais terminei a revisão de *Genética neoliberal*. Versões anteriores de algumas partes deste texto foram publicadas em: "A obliteração da cultura e a naturalização da escolha nas confabulações da psicologia evolucionista" (2002) e "On Kinship and Marriage: A Critique of the Genetic and Gender Calculus of Evolutionary Psychology" (2005).

POSFÁCIO

MARTA LAMAS

O comportamento de mulheres e homens tem fascinado e intrigado os seres humanos desde o início dos tempos. Partindo de enfoques científicos, diversas disciplinas vêm pesquisando a origem das diferenças entre umas e outros, e distintas teorias vêm sendo formuladas a respeito das consequências da sexuação. Nesse sentido, a antropologia identificou que todas as culturas constroem seu arcabouço social com base na simbolização da sexuação, considerando em especial o peso significativo adquirido pelo aspecto reprodutivo. Por meio do *gênero*[1] – ou seja, por meio da diferenciação de atribuições, espaços e tarefas a mulheres e homens –, instituem-se códigos e prescrições culturais específicos para cada sexo. Assim, o processo de ingressar

---

1 A tradução de *gender* por "gênero" cria confusão, pois a acepção clássica de "gênero" – "classe, tipo ou espécie" – corresponde a *genre*. Em *gender*, a relação implícita com a diferença sexual resulta que se fale de "os gêneros" (as mulheres como gênero feminino e os homens como gênero masculino), e não do gênero como uma lógica cultural. A nova acepção de *gender* aparece no fim dos anos 1950, nos Estados Unidos, no campo da psicologia médica, para aludir ao conjunto de prescrições, crenças e costumes por meio dos quais identidades, códigos de comportamento e sentimentos são instituídos em função do sexo. Esse novo conceito ingressa na antropologia nos anos 1970 e é utilizado para se referir à forma com que, em determinada cultura, características "femininas" e "masculinas" são atribuídas tanto a esferas da vida como a atividades e comportamentos de mulheres e homens.

na cultura é justamente o de ingressar no gênero: a simbolização da diferença anatômica.

Nesta obra, Susan McKinnon revisa e questiona o enfoque da psicologia evolucionista, cujos princípios sustentam que as diferenças de comportamento entre mulheres e homens são determinadas pelos genes e têm traços imutáveis. A antropóloga desmonta essa posição e aponta que a adesão à teoria da evolução não pressupõe que todos os processos psíquicos, culturais e sociais dos seres humanos sejam reduzidos aos princípios da seleção natural, da competição e da maximização do sucesso reprodutivo.

A psicologia evolucionista propõe uma visão da condição humana segundo a qual esta reproduz um programa geneticamente determinado há milhões de anos, e McKinnon denuncia que essa ficção foi criada com base em dois mecanismos: comparações improcedentes entre espécies não comparáveis entre si e desconhecimento do rico material antropológico disponível sobre o comportamento humano nas demais culturas. Por mais válido que seja buscar princípios biológicos gerais no comportamento e na organização social de todos os animais, incluindo os humanos, seria incorreto estabelecer analogias deterministas entre o comportamento animal e o humano. Ademais, como assinala McKinnon, nem mesmo a primatologia respalda a suposição de que a agressividade e a dominação masculinas sejam traços inatos de comportamento, pois pesquisas recentes com primatas documentam um amplo leque de comportamentos, com grande flexibilidade nos papéis de machos e fêmeas.

Os psicólogos evolucionistas justificam a dominação masculina a partir de um falso pressuposto universalista. McKinnon expõe o caráter completamente etnocêntrico dos fundamentos dessa corrente, a qual toma como única referência o caso ocidental (que a autora denomina "euro-estadunidense") e considera "naturais" certos comportamentos produzidos em determinado momento histórico e em certa região do mundo. Por exemplo, a divisão sexual do trabalho por eles referida corresponde ao esquema atual das sociedades industriais, sem refletir de modo algum as especificidades nem de outras culturas nem de outras épocas. Não à toa, quando esses psicólogos encontram uma explicação biológica para certos aspectos das relações entre os sexos – desde os índices de divórcio e a violência sexual até os motivos pelos quais os homens mais velhos abandonam suas esposas por mulheres mais jovens ou pelos quais as mulheres escolhem como parceiros homens com recursos econômicos –, também tomam como "naturais" os valores sexistas neles encarnados.

Com exemplos etnográficos, a antropóloga contrapõe afirmações superficiais e ideologizadas dos psicólogos evolucionistas, como a de que, em razão de seus genes, os homens sempre controlam os recursos sociais, ou a de que a dupla moral sexual e o sentimento de propriedade em relação às mulheres são naturais e inatos a eles. Como especialista em estudos de parentesco e aliança, McKinnon nos apresenta casos que provam a falsidade dessas pressuposições psicoevolutivas. Diante da complexidade das diferentes formas de relação entre mulheres e homens, da variedade de seus papéis sociais e da multiplicidade de suas práticas sexuais, cai por terra a perspectiva que vê no corpo sexuado e em seus processos reprodutivos diferenciados a causa determinante de uma suposta forma universal de relação entre mulheres e homens.

Um aspecto substancial da reflexão de McKinnon é a denúncia do uso político reacionário dessas narrativas reducionistas. As explicações pseudoevolucionistas tocam profundamente em aspectos centrais das relações entre mulheres e homens, tais como matrimônio, criação dos filhos e cuidado da família, bem como suas consequências nas políticas educativas, sanitárias e do mundo do trabalho. McKinnon expõe o uso conservador que elas proporcionam no discurso político – preponderante nos meios de comunicação no que diz respeito a certos modelos da cultura ocidental – e defende que essas interpretações, apesar de seu assombroso êxito midiático, não são científicas. Em contraposição, a antropologia concebe que a disparidade de comportamento entre homens e mulheres não é provocada pela genética, nem mesmo pela diferença anatômica, e sim pela forma como os sexos são simbolizados. A capacidade de simbolizar e o equipamento neurológico humano possibilitaram às pessoas desenvolver um nível de complexidade cognitiva infinitamente superior ao dos demais primatas.

McKinnon se insere plenamente no campo da antropologia feminista, para a qual a distinção entre a sexuação e o gênero é de enorme utilidade e pertinência quando se trata de diferenças entre os sexos. Vale recordar que a simbolização da diferença anatômica – que hoje se denomina gênero – toma forma em um conjunto de práticas, discursos e representações sociais que, por sua vez, influem na subjetividade das pessoas e condicionam seu comportamento. O gênero produz expectativas e regras tácitas que os seres humanos percebem por meio da linguagem, do tratamento e da materialidade da cultura (os objetos, as imagens etc.). Ao nascer no seio de uma cultura específica, e dentro de um grupo familiar em que já estão inseridas as crenças sobre o que é "próprio" dos homens e "próprio" das mulheres, os seres humanos introjetam esses esquemas de pensamento e ação.

A percepção humana se estrutura com os elementos simbólicos da vida social, e as pessoas adquirem as "disposições" correspondentes a eles, conforme estabelece o gênero na cultura de pertencimento. Na forma como concebem a si mesmas, na construção de sua própria identidade, elas retomam os imperativos de gênero que circulam em seu entorno. As sociedades são comunidades interpretativas que compartilham certos significados, e seus habitantes aprendem e apreendem a divisão entre o feminino e o masculino mediante as atividades diárias, imbuídas de sentido simbólico.

Nesse processo de inculcação do gênero, ao mesmo tempo sexualmente diferenciado e sexualmente diferenciador, as pessoas desenvolvem um sistema de referências comuns e reproduzem o sistema de relações de gênero, com seus papéis, tarefas e práticas diferenciadas. Ambos os sexos contribuem, em igual medida, para a sustentação da ordem simbólica e suas regulamentações, proibições e opressões recíprocas. O interessante é que, apesar da terem em comum a mesma sexuação, os seres humanos produzem lógicas de gênero distintas, dependendo da cultura a que pertencem. Um exemplo muito conhecido disso pode ser visto naqueles que vivem em países escandinavos e naqueles que vivem em países islâmicos: o corpo de mulheres e homens está sexuado da mesma maneira, mas o gênero – o que se considera próprio de umas e o que se considera próprio de outros – é totalmente diferente. É o gênero, e não a diferença anatômica em si, o aspecto que cunha a organização da vida coletiva, constrói determinado discurso social e produz desigualdade na forma de tratar homens e mulheres.

Um elemento crucial no processo de atribuição de gênero é a complementaridade procriativa de mulheres e homens, um fato fundante com consequências em todas as dimensões da vida social. Em razão disso, a lógica de gênero extrapola essa suposta complementaridade para outros aspectos da vida e simboliza mulher e homem como entes complementares, com diferenças "naturais" que se "depreendem" de sua atividade procriadora. Embora não exista complementaridade similar nos demais aspectos da vida humana, a complementaridade reprodutiva indica modelos que limitam as potencialidades das mulheres e cerceiam o desenvolvimento de certas habilidades nos homens.

A partir do lugar singular que cada sexo ocupa no processo de reprodução sexual, estabelecem-se práticas e discursos que, na maioria das sociedades, legitimam a desigualdade social, política e econômica entre mulheres e homens. É com isso em vista que Maurice Godelier, em *La Production des grands hommes: Pouvoir et domination chez les Baruya de Nouvelle-Guinée* [A produção dos grandes homens: poder e dominação entre os Baruya da Nova Guiné], afirma que a diferença sexual aparece nos discursos e nas teorias culturais "como uma espécie de fundamento cósmico da subordinação das mulheres, e mesmo de sua opressão". Consequentemente, a diferença sexual se traduz em desigualdade social.

É interessante notar que, apesar do avanço e do acúmulo de conhecimento sobre a condição humana, persiste ainda hoje a dificuldade para reconhecer que os comportamentos das mulheres e dos homens não são produto da biologia, mas dos significados que seus atos adquirem nas interações sociais concretas. McKinnon destaca que é preciso inserir a informação genética em contexto, bem como distinguir os conteúdos simbólicos que as pessoas atribuem à sexuação, pois é nesse campo que o reducionismo mais tem se mostrado, tanto na academia quanto no discurso público, midiático.

Tais premissas vão no mesmo sentido da formulação feminista que livra a sexuação de conotações deterministas sem com isso negar o papel crucial dela. Um exemplo disso seria aceitar que, embora a desigualdade entre mulheres e homens na função procriativa tenha sido a base material para a construção da subordinação social feminina, no presente "desnaturalizou-se" a ideia da condição feminina como essencialmente reprodutora, e as mulheres têm sido consideradas não mais fêmeas parideiras, como antes, mas sujeitos do próprio direito.

Susan McKinnon protesta contra a irresponsabilidade da concepção psicológica evolucionista e enfatiza a carga de ignorância monstruosa que ela manifesta. Desprezar os avanços no conhecimento proporcionados pela rica diversidade cultural é uma atitude retrógrada que impacta negativamente em qualquer teorização sensata sobre a condição humana. De maneira impecável, a autora denuncia o uso político dado a essa "ciência malfeita" e enfatiza que, apesar do acerto do evolucionismo na explicação de muitas questões – em especial, de nossa passagem da condição de primatas à de humanos –, erram aqueles que ignoram as especificidades humanas no que diz respeito a aprendizagens múltiplas, capacidade neuronal e criatividade. Por conseguinte, avalia como "mito" que as diferenças genéticas, presentes desde a pré-história, sejam o fator determinante do comportamento de mulheres e homens neste momento histórico, e é assertiva em sua conclusão de que a psicologia evolucionista está radicalmente equivocada no que diz respeito à evolução, à psicologia e à cultura.

A leitura de *Genética neoliberal: uma crítica antropológica da psicologia evolucionista* insta a desenvolver uma melhor compreensão da articulação complexa entre o cultural, o biológico e o psíquico. Nós, seres humanos, somos seres biopsicossociais; como a biologia, o psiquismo e os processos culturais estão interconectados, é preciso recorrer a várias ciências para desvendar as "bases" do comportamento humano. É necessário explorar o vínculo entre sexuação, psique e cultura para compreender a multiplicidade de posições de sujeito e de novas identidades humanas existentes. Compreender o poder do discurso cultural em relação à diferença sexual e visualizar a linguagem como condição que habilita o surgimento de distintas formas de subjetividade permite reconhecer outras maneiras de relação entre os sexos.

Subjaz a este trabalho ágil e sólido de McKinnon uma afirmação contundente: as mulheres e os homens não somos reflexo de uma realidade biológica, e sim o resultado de uma produção histórica e cultural baseada no processo de simbolização. Ela oferece uma interpretação do gênero como um arcabouço cultural em que a relação do ser humano com a ordem simbólica de sua cultura é estruturada mais pelas representações sociais e imaginárias que pelos genes. A pergunta de fundo – em que, de fato, mulheres e homens diferimos? – obriga a que nos debrucemos sobre dados de outras culturas, e tais realidades nos confrontam com a falsidade da afirmação de que os genes condicionam o comportamento dos seres humanos. Ignorar, como fazem esses psicólogos evolucionistas, tanto as simbolizações realizadas quanto a influência do meio é uma falácia essencialista que não ilumina a complexidade da condição humana.

Argumentar por que nós seres humanos somos como somos requer que se pesquise o fenômeno do gênero por meio de uma abordagem que integre o conhecimento científico proveniente da antropologia, da história, da psicanálise, da sociologia e da ciência política. Na atualidade, contudo, desvendar questões candentes da condição humana, tais como em que medida a estrutura da mente está predeterminada ou até que ponto os processos socioculturais se reduzem a mecanismos herdados, também requer as contribuições da genética e das neurociências. A relação entre os mecanismos do pensamento e a estrutura neurológica está cada dia mais evidente, assim como se reconhece, igualmente, o peso do imaginário e do inconsciente para a mente.

Por ora, a antropologia é contundente: nem todas as culturas representam da mesma maneira o corpo sexuado, assim como não outorgam o mesmo peso a seus processos. A pesquisa antropológica ressalta que as construções simbólicas são muito mais complexas que uma simples designação de papéis em função da anatomia. Por isso, o gênero, como sistema simbólico, é transformado por homens e mulheres conforme o tempo passa e novas vivências se incorporam. A reflexão de Susan McKinnon nos convence de que, no fundo, o que está em jogo neste debate é a forma de conceber a condição humana e seus processos mentais e culturais. Sua postura antiessencialista representa uma linha de argumentação valiosa, que desmonta preconceitos conservadores e combate moralismos.

TRADUÇÃO André Albert

MARTA LAMAS nasceu no México em 1947. É ativista, antropóloga e professora de ciências políticas na Universidade Nacional Autônoma do México (Unam). Em 1990, fundou o periódico *Debate feminista*, um dos mais importantes da América Latina. Em 2005, foi nomeada ao Nobel da Paz. Este texto foi publicado originalmente como prólogo à edição mexicana de *Genética neoliberal* (Fondo de Cultura Económica, 2012).

BIBLIOGRAFIA

BAAL, J. van. *Dema: Description and Analysis of Marind-Anim Culture (South New Guinea)*. Den Haag: Martinus Nijhoff, 1966.

BAILEY, Kent G. e Helen E. WOOD. "Evolutionary Kinship Therapy: Basic Principles and Treatment Implications". *British Journal of Medical Psychology*, v. 71, pp. 509-23, 1998.

BARKER-BENFIELD, Ben. "The Spermatic Economy: A Nineteenth Century View of Sexuality". *Feminist Studies*, v. 1, pp. 45-74, 1972.

BENTON, Ted. "Social Causes and Natural Relations", in H. Rose e S. Rose (orgs.). *Alas, Poor Darwin: Arguments against Evolutionary Psychology*. New York: Harmony Books, 2000, pp. 249-72.

BIRKHEAD, Tim R. "Hidden Choices of Females". *Natural History*, v. 11, pp. 66-71, 2000a.

___. *Promiscuity: An Evolutionary History of Sperm Competition*. Cambridge: Harvard University Press, 2000b.

BOAS, Franz. Introdução a *Handbook of American Indian Language* [1911]. Lincoln: University of Nebraska Press, 1996.

___. *Race, Language and Culture*. New York: The Free Press, 1940.

BODENHORN, Barbara. "'He Used to be My Relative': Exploring the Bases of Relatedness among Iñupiat of Northern Alaska", in J. Carsten (org.). *Cultures of Relatedness: New Approaches to the Study of Kinship*. Cambridge: Cambridge University Press, 2000, pp. 128-48.

BORGIA, Gerald. "Typology and Human Mating Preferences". *Behavioral and Brain Sciences*, v. 12, pp. 16-17, 1989.

BOWIE, Fiona. *Cross-Cultural Approaches to Adoption*. London: Routledge, 2004.

BUSS, David M. "Love Acts: The Evolutionary Biology of Love", in R. J. Sternberg e M. L. Barnes (orgs.). *The Psychology of Love*. New Haven: Yale University Press, 1988, pp. 100-18.

___. "Sex Differences in Human Mate Preferences: Evolutionary Hypotheses Tested in 37 Cultures". *Behavioral and Brain Sciences*, v. 12, pp. 1-49, 1989.

___. "Evolutionary Personality Psychology". *Annual Review of Psychology*, v. 42, pp. 459-91, 1991.

___. "Mate Preference Mechanisms: Consequences for Partner Choice and Intrasexual Competition", in J. H. Barkow, L. Cosmides e J. Tooby (orgs.). *The Adapted Mind: Evolutionary*

Psychology and the Generation of Culture. New York: Oxford University Press, 1992, pp. 249-66.

___. *The Evolution of Desire: Strategies of Human Mating*. New York: Basic Books, 1994.

___. *The Dangerous Passion: Why Jealousy is as Necessary as Love and Sex*. New York: The Free Press, 2000.

___ e David P. SCHMIDT. "Sexual Strategies Theory: An Evolutionary Perspective on Human Mating". *Psychological Review*, v. 100, n. 2, pp. 204-32, 1993.

___ et al. "International Preferences in Selecting Mates: A Study of 37 Cultures". *Journal of Cross-Cultural Psychology*, v. 21, n. 4, pp. 5-47, 1990.

CARROLL, Vern (org.). *Adoption in Eastern Oceania*. Honolulu: University of Hawaii Press, 1970.

CARSTEN, Janet. *The Heat of the Hearth: The Process of Kinship in a Malay Fishing Community*. Oxford: Oxford University Press, 1997.

___. "Substantivism, Antisubstantivism, and Anti-antisubstantivism", in S. Franklin e S. McKinnon (orgs.). *Relative Values: Reconfiguring Kinship Studies*. Durham: Duke University Press, 2001, pp. 29-53.

___. *After Kinship*. Cambridge: Cambridge University Press, 2004.

___ (org.). *Cultures of Relatedness: New Approaches to the Study of Kinship*. Cambridge: Cambridge University Press, 2000.

___ e Stephen HUGH-JONES (orgs.). *About the House: Lévi-Strauss and beyond*. Cambridge: Cambridge University Press, 1995.

CHAGNON, Napoleon. *Yanomamö: The Fierce People*. New York: Holt, Rinehart and Winston, 1968.

COLLIER, Jane e Sylvia YANAGISAKO (orgs.). *Gender and Kinship: Essays toward a Unified Analysis*. Stanford: Stanford University Press, 1987.

COONTZ, Stephanie. *The Way We Never Were: American Families and the Nostalgia Trap*. New York: Basic Books, 1992.

DALY, Martin e Margo WILSON. *The Truth about Cinderella: A Darwinian View of Parental Love*. New Haven: Yale University Press, 1999.

___. "Human Evolutionary Psychology and Animal Behaviour". *Animal Behaviour*, v. 57, pp. 509-19, 1999.

DALY, Martin, Margo WILSON e Suzanne J. WEGHORST. "Male Sexual Jealousy". *Ethology and Sociobiology*, v. 3, pp. 11-27, 1982.

DEMOS, John. *Past, Present, Personal: The Family and the Life Course in American History*. New York: Oxford University Press, 1986.

DOLGIN, Janet L. *Defining the Family: Law, Technology and Reproduction in an Uneasy Age*. New York: New York University Press, 1997.

DOVER, Gabriel. "Anti-Dawkins", in H. Rose e S. Rose (orgs.). *Alas, Poor Darwin: Arguments against Evolutionary Psychology*. New York: Harmony Books, 2000, pp. 55-77.

DRAPER, Patricia. "!Kung Women: Contrasts in Sexual Egalitarianism in Foraging and Sedentary Contexts", in R. R. Reiter (org.). *Toward an Anthropology of Women*. New

York: Monthly Review Press, 1975, pp. 77-109.
EAGLY, Alice H. e Wendy WOOD. "The Origins of Sex Differences in Human Behavior: Evolved Dispositions Versus Social Roles". *American Psychologist*, v. 54, n. 6, pp. 408-23, 1999.
EDGERTON, Robert B. "Pokot Intersexuality: An East African Example of the Resolution of Sexual Incongruity". *American Anthropologist*, v. 66, pp. 1288-99, 1964.
EVANS-PRITCHARD, Edward Evan. *The Nuer: A Description of the Modes of Livelihood and Political Institutions of a Nilotic People*. Oxford: Oxford University Press, 1940.
___. *Kinship and Marriage among the Nuer*. Oxford: Oxford University Press, 1951.
FAUSTO-STERLING, Anne. *Myths of Gender: Biological Theories about Women and Men*. New York: Basic Books, 1993.
___. "Beyond Difference: Feminism and Evolutionary Psychology", in H. Rose e S. Rose (orgs.). *Alas, Poor Darwin: Arguments against Evolutionary Psychology*. New York: Harmony Books, 2000a, pp. 209-28.
___. *Sexing the Body: Gender Politics and the Construction of Sexuality*. New York: Basic Books, 2000b.
FIENUP-RIORDAN, Ann. *The Nelson Island Eskimo: Social Structure and Ritual Distribution*. Anchorage: Alaska Pacific University Press, 1983.
___. *Eskimo Essays: Yup'ik Lives and How We See Them*. New Brunswick: Rutgers University Press, 1990.
___ et al. *Hunting Tradition in a Changing World. Yup'ik Lives in Alaska Today*.
New Brunswick: Rutgers University Press, 2000.
FOLEY, William A. *Anthropological Linguistics: An Introduction*. Cambridge: Blackwell, 1997.
___. "Do Humans Have Innate Mental Structures? Some Arguments from Linguistics", in S. McKinnon e S. Silverman (orgs.). *Complexities: Beyond Nature and Nurture*. Chicago: Chicago University Press, 2005, pp. 43-63.
FORTH, Gregory. "Public Affairs: Institutionalized Nonmarital Sex in an Eastern Indonesian Society". *Bijdragen tot de Taal-, Land- en Volkenkunde*, v. 160, n. 2-3, pp. 315-38, 2004.
FRAGA, Mario F. et al. "Epigenetic Differences Arise During the Lifetime of Monozygotic Twins". *Proceedings of the National Academy of Sciences*, v. 102, n. 30, pp. 10604-09, 2005.
FRANKLIN, Sarah. *Embodied Progress: A Cultural Account of Assisted Conception*. New York: Routledge, 1997.
___ e Susan MCKINNON (orgs.). *Relative Values: Reconfiguring Kinship Studies*. Durham: Duke University Press, 2001.
FRIEDL, Ernestine. *Women and Men: An Anthropologist's View*. New York: Holt, Rinehart, and Winston, 1975.
GEERTZ, Clifford. *The Interpretation of Cultures*. New York: Basic Books, 1973 [ed. bras.: *A interpretação das culturas*. Rio de Janeiro: LTC, 1989].
GIBSON, Kathleen R. "Epigenesis, Brain Plasticity, and Behavioral Versatility: Alternatives to Standard Evolutionary Psychology Models", in S. McKinnon e S. Silverman (orgs.). *Complexities:*

Beyond Nature and Nurture. Chicago: University of Chicago Press, 2005, pp. 23-42.

GOODALE, Jane C. "Gender, Sexuality, and Marriage: A Kaulong Model of Nature and Culture", in C. MacCormack e M. Strathern (orgs.). *Nature, Culture and Gender*. Cambridge: Cambridge University Press, 1980, pp. 119-42.

GOODENOUGH, Ward H. *Property, Kin, and Community on Truk* [1951]. Hamden: Archon Books, 1966.

GOODMAN, Alan e Thomas L. LEATHERMAN (orgs.). *Building a New Biocultural Synthesis: Political--Economic Perspectives on Human Biology*. Ann Arbor: University of Michigan Press, 1998.

GOUGH, E. Kathleen. "The Nayars and the Definition of Marriage", in P. Bohannan e J. Middleton (orgs.). *Marriage, Family, and Residence* [1959]. Garden City: The Natural History Press, 1968, pp. 49-71.

GOULD, Stephen Jay. "Biological Potentiality vs. Biological Determinism", in *Ever Since Darwin: Reflections in Natural History*. New York: W. W. Norton, 1977, pp. 251-59.

___. "Women's Brains", in *The Panda's Thumb: More Reflections in Natural History*. New York: W. W. Norton, 1980, pp. 152-59.

___. *The Mismeasure of Man*. New York: W. W. Norton, 1981.

___. "More Things in Heaven and Earth", in H. Rose e S. Rose (orgs.). *Alas, Poor Darwin, Arguments against Evolutionary Psychology*. New York: Harmony Books, 2000, pp. 101-26.

GROSSBERG, Michael. *Governing the Hearth: Law and Family in Nineteenth-Century America*. Chapel Hill: University of North Carolina Press, 1985.

HARDING, Sandra (org.). *The "Racial" Economy of Science: Toward a Democratic Future*. Bloomington: Indiana University Press, 1993.

___ e Jean E. O'BARR (orgs.). *Sex and Scientific Inquiry*. Chicago: University of Chicago Press, 1975.

HELMREICH, Stefan e Heather PAXSON. "Sex on the Brain: A Natural History of Rape and the Dubious Doctrines of Evolutionary Psychology", in C. Besteman e H. Gusterson (orgs.). *Why America's Top Pundits Are Wrong: Anthropologists Talk Back*. Berkeley: University of California Press, 2005, pp. 180-205.

HENNINGER, Eugen. *Sitten und Gebräuche bei der Taufe und Namengebung in der Altfranzösischen Dichtung*. Tese de doutoramento. Halle/Wittenberg: Vereinigten Friedrichs-Universität, 1891.

HILL, Kim e A. Magdalena HURTADO, "Hunter-gatherers of the New World". American Scientist, v. 77, pp. 437-43, 1989.

___. *Ache Life History: The Ecology and Demography of a Foraging People*. Hawthorne: Aldine de Gruyter, 1996.

HODGSON, Geoffrey M. *Economics and Biology*. Brookfield: Edward Elgar Publishing Company, 1995.

HOWELL, Signe. *Society and Cosmos: Chewong of Peninsular Malaysia*. Chicago: University of Chicago Press, 1989.

HUA, Cai. *A Society without Fathers or Husbands: The Na of China*. New York: Zone Books, 2001.

HUBBARD, Ruth e Elijah WALD. *Exploding the Gene Myth*. Boston: Beacon Press, 1999.

HUTCHINSON, Sharon. "Changing Concepts of Incest among the Nuer". *American Ethnologist*, v. 12, pp. 625-41, 1985.

INHORN, Marcia C. *Infertility and Patriarchy: The Cultural Politics of Gender and Family Life in Egypt*. Philadelphia: University of Pennsylvania Press, 1996.

___ (org.). *Infertility around the Globe: New Thinking on Childlessness, Infertility, and the New Reproductive Technologies*. Berkeley: University of California Press, 2002.

JOYCE, Rosemary A. e Susan D. GILLESPIE (org.). *Beyond Kinship: Social and Material Reproduction in House Societies*. Philadelphia: University of Pennsylvania Press, 2000.

KAHN, Susan Martha. *Reproducing Jews: A Cultural Account of Assisted Reproduction in Israel*. Durham: Duke University Press, 2000.

KAY, Herma Hill. "Perspectives on Sociobiology, Feminism, and the Law", in D. L. Rhode (org.). *Theoretical Perspectives on Sexual Differences*. New York: Yale University Press, 1990, pp. 74-85.

KELLY, Raymond C. "Witchcraft and Sexual Relations: An Exploration in the Social and Semantic Implications of the Structure of Belief", in P. Brown e G. Buchbinder (orgs.). *Man and Woman in the New Guinea Highlands*. Washington, D. C.: American Anthropological Association, 1976, pp. 36-53.

KIRSCH, A. Thomas. "Economy, Polity, and Religion in Thailand", in G. William Skinner e A. T. Kirsch (orgs.). *Change and Persistence in Thai Society*. Ithaca: Cornell University Press, 1975, pp. 172-96.

KOSLOWSKI, Peter (org.). *Sociobiology and Bioeconomics: The Theory of Evolution in Biological and Economic Theory*. Berlin: Springer, 1999.

KREMENTSOV, Nikolai L. e Daniel P. TODES. "On Metaphors, Animals, and Us". *Journal of Social Issues*, v. 47, n. 3, pp. 67-81, 1991.

KUMMER, Bernhard. "Gevatter", in *Handwörterbuch des Deutschen Aberglaubens*, v. 3. Berlin: Walter de Gruyter, 1931.

LEACOCK, Eleanor. "Social Behavior, Biology and the Double Standard", in G. W. Barlow e J. Silverberg. *Sociobiology: Beyond Nature/Nurture? Reports, Definitions and Debate*. Boulder: Westview Press, 1980, pp. 465-88.

LEE, Richard B. *Subsistence Ecology of !Kung Bushmen*. Tese de doutoramento. Berkeley: University of California, 1965.

___. *The !Kung San: Men, Women, and Work in a Foraging Society*. Cambridge: Cambridge University Press, 1979.

LÉVI-STRAUSS, Claude. *The Elementary Structures of Kinship* [1949]. Boston: Beacon Press, 1969 [ed. bras.: *Estruturas elementares do parentesco*, trad. Mariano Ferreira. Petrópolis: Vozes, 1982].

LEWONTIN, Richard C. *Biology as Ideology: The Doctrine of DNA*. New York: Harper Perennial, 1991.

LEWONTIN, Richard C., Steven ROSE e Leon J. KAMIN. *Not in Our Genes: Biology, Ideology, and Human Nature*. New York: Pantheon Books, 1984.

LOCK, Margaret. "Perfecting Society: Reproductive Technologies, Genetic Testing, and the Planned Family in Japan", in M. Lock e P. A. Kaufert (orgs.). *Pragmatic Women and Body Politics*. Cambridge: Cambridge University Press, 1998, pp. 206-39.

MACFARQUHAR, Larissa. "The Bench Burner". *The New Yorker*, pp. 78-89, 10/12/2001.

MALINOWSKI, Bronislaw. *The Sexual Life of Savages in North-Western Melanesia*. New York: Halcyon House, 1929 [ed. bras.: *A vida sexual dos selvagens do noroeste da Melanésia: descrição etnográfica do namoro, do casamento e da vida de família entre os nativos das Ilhas Trobriand (Nova Guiné Britânica)*, trad. Carlos Sussekind. Rio de Janeiro: Francisco Alves Editora, 1982].

MARKS, Jonathan. *Human Biodiversity: Genes, Race, and History*. New York: Aldine de Gruyter, 1995.

MARSHALL, Lorna. *The !Kung of Nyae Nyae*. Cambridge: Harvard University Press, 1976.

MARTIN, Emily. "The Egg and the Sperm: How Science Has Constructed a Romance based on Stereotypical Male-Female Roles". *Signs*, v. 16, n. 3, pp. 485-501, 1991.

MCKINNON, Susan. *From a Shattered Sun: Hierarchy, Gender, and Alliance in the Tanimbar Islands*. Madison: University of Wisconsin Press, 1991.

___. "Domestic Exceptions: Evans- -Pritchard and the Creation of Nuer Patrilineality and Equality". *Cultural Anthropology*, v. 15, n. 1, pp. 35-83, 2000.

___. "A obliteração da cultura e a naturalização da escolha nas confabulações da psicologia evolucionista". *Horizontes Antropológicos*, v. 16 pp. 53-83, 2002.

___. "On Kinship and Marriage: A Critique of the Genetic and Gender Calculus of Evolutionary Psychology", in S. McKinnon e S. Silverman (orgs.). *Complexities: Beyond Nature and Nurture*. Chicago: University of Chicago Press, 2005, pp. 106-31.

___ e Sydel SILVERMAN (orgs.). *Complexities: Beyond Nature and Nurture*. Chicago: University of Chicago Press, 2005.

MINTZ, Sidney W. e Eric R. WOLF. "An Analysis of Ritual Co-parenthood (compadrazgo)", in P. Bohannan e J. Middleton (orgs.). *Marriage, Family, and Residence* [1950]. Garden City: The Natural History Press, 1968, pp. 327-54.

___ e Susan KELLOGG. *Domestic Revolutions: A Social History of American Family Life*. New York: Free Press, 1988.

MODELL, Judith S. *Kinship with Strangers: Adoption and Interpretations of Kinship in American Culture*. Berkeley: University of California Press, 1994.

___. "Rights to Children: Foster Care and

Social Reproduction in Hawai'i", in S. Franklin e H. Ragoné (orgs.). *Reproducing Reproduction: Kinship, Power, and Technological Innovation*. Philadelphia: University of Pennsylvania Press, 1998, pp. 156-72.

NELKIN, Dorothy. "Less Selfish than Sacred? Genes and the Religious Impulse in Evolutionary Psychology", in H. Rose e S. Rose (orgs.). *Alas, Poor Darwin: Arguments against Evolutionary Psychology*. New York: Harmony Books, 2000, pp. 17-32.

__ e Susan M. LINDEE. *The DNA Mystique: The Gene as a Cultural Icon*. New York: W. H. Freeman and Company, 1995.

ORR, H. Allen. "Darwinian Story Telling". *The New York Review of Books*, v. 50, n. 3, 2003. Disponível em: nybooks.com/articles/16074.

PINKER, Steven. *The Language Instinct: How the Mind Creates Language*. New York: HarperPerennial, 1995 [*O instinto da linguagem – como a mente cria a linguagem*, trad. Claudia Berliner. São Paulo: WMF Martins Fontes, 2002].

__. *How the Mind Works*. New York: W. W. Norton, 1997 [ed. bras.: *Como a mente funciona*, trad. Laura Teixeira Motta. São Paulo: Companhia das Letras, 2001].

__. *The Blank Slate: The Modern Denial of Human Nature*. New York: Viking, 2002 [ed. bras.: *Tábula rasa: A negação contemporânea da natureza humana*, trad. Laura Teixeira Motta. São Paulo: Companhia das Letras, 2004].

POSNER, Richard A. *The Economics of Justice*. Cambridge: Harvard University Press, 1981.

__. *Sex and Reason*. Cambridge: Harvard University Press, 1992.

__ e Eric A. POSNER. "The Demand for Cloning", in M. C. Nussbaum e C. R. Sunstein. *Clones and Clones: Facts and Fantasies about Human Cloning*. New York: W. W. Norton, 1998, pp. 233-61.

POTTS, Richard. *Humanity's Descent: The Consequences of Ecological Instability*. New York: William Morrow and Co., 1996.

__. "Variability Selection in Hominid Evolution". *Evolutionary Anthropology*, v. 7, pp. 81-96, 1998.

POWDERMAKER, Hortense. *Life in Lesu: The Study of a Melanesian Society in New Ireland* [1933]. New York: W. W. Norton, 1971.

RAGONÉ, Helena. *Surrogate Motherhood. Conception in the Heart*. Boulder: Westview Press, 1994.

ROSE, Hilary. "Colonizing the Social Sciences?", in H. Rose e S. Rose (orgs.). *Alas, Poor Darwin: Arguments against Evolutionary Psychology*. New York: Harmony Books, 2000, pp. 127-54.

__ e Steven ROSE (orgs.). *Alas, Poor Darwin: Arguments against Evolutionary Psychology*. New York: Harmony Books, 2000.

ROSE, Steven. "Escaping Evolutionary Psychology", in H. Rose e S. Rose (orgs.). *Alas, Poor Darwin: Arguments against Evolutionary Psychology*. New York: Harmony Books, 2000a, pp. 299-320.

___. "The New Just So Stories: Sexual Selection and the Fallacies of Evolutionary Psychology". *Times Literary Supplement*, v. 3-4, 2000b.

SACKS, Karen. "Engels Revisited: Women, the Organization of Production, and Private Property", in M. Zimbalist Rosaldo e L. Lamphere (orgs.). *Women, Culture, and Society*. Stanford: Stanford University Press, 1974, pp. 207-22.

SAHLINS, Marshall D. *The Use and Abuse of Biology*. Ann Arbor: University of Michigan Press, 1976.

SANDAY, Peggy Reeves. "Female Status in the Public Domain", in M. Zimbalist Rosaldo e L. Lamphere (orgs.). *Women, Culture, and Society*. Stanford: Stanford University Press, 1974, pp. 189-206.

___. *Female Power and Male Dominance: On the Origins of Sexual Inequality*. Cambridge: Cambridge University Press, 1981.

___. *Fraternity Gang Rape: Sex, Brotherhood, and Privilege on Campus*. New York: New York University Press, 1990.

SAPIR, Edward. *Language: An Introduction to the Study of Speech* [1921]. New York: Harcourt, Brace, and World, 1949.

SCHIEBINGER, Londa. *Nature's Body: Gender in the Making of Modern Science*. Boston: Beacon Press, 1993.

SCHLEGEL, Alice (org.). *Sexual Stratification: A Cross-Cultural View*. New York: Columbia University Press, 1977.

SCHNEIDER, David M. *American Kinship: A Cultural Account* [1968]. Chicago: University of Chicago Press, 1980.

SHOSTAK, Marjorie. *Nisa: The Life and Words of a !Kung Woman*. New York: Vintage Books, 1981.

SINGH, Devendra et al. "Frequency and Timing of Coital Orgasm in Women Desirous of Becoming Pregnant". *Archives of Sexual Behavior*, v. 27, n. 1, pp. 15-29, 1998.

SLOCUM, Sally. "Woman the Gatherer: Male Bias in Anthropology", in R. R. Reiter. *Toward an Anthropology of Women*. New York: Monthly Review Press, 1975, pp. 36-50.

SPENCER, Robert F. "Spouse-Exchange among the North Alaskan Eskimo", in P. Bohannan e J. Middleton. *Marriage, Family, and Residence*. Garden City: The Natural History Press, 1968, pp. 131-44.

STOCKING JR., George W. (org.). *The Shaping of American Anthropology 1883-1911: A Franz Boas Reader*. New York: Basic Books, 1974.

STRATHERN, Marilyn. *Reproducing the Future: Anthropology, Kinship and the New Reproductive Technologies*. New York: Routledge, 1992.

___ e Carol P. MACCORMACK (orgs.). *Nature, Culture, and Gender*. Cambridge: Cambridge University Press, 1980.

SYMONS, Donald. "The Psychology of Human Mate Preferences (Commentary on Buss 1989)". *Behavioral and Brain Sciences*, v. 12, pp. 34-35, 1989.

TANNER, Nancy e Adrienne ZIHLMAN. "Women in Evolution, part I, Innovation and Selection in Human Origins". *Signs*, v. 1, n. 3, pp. 585-608, 1976.

TEW, Mary. "A Form of Polyandry among the Lele of the Kasai", *Africa*, v. 21, n. 1, pp. 1-12, 1951.

THOMSON, J. Anderson. "Why They Kill: Male Bonding + Religion = Disaster". *The Hook*, v. 339, pp. 26-30, 20 set. 2004.

THORNHILL, Randy e Craig T. PALMER. *A Natural History of Rape: Biological Bases of Sexual Coercion*. Cambridge: MIT Press, 2000.

TODES, Daniel P. *Darwin without Malthus: The Struggle for Existence in Russian Evolutionary Thought*. New York: Oxford University Press, 1989.

TOOBY, John e Leda COSMIDES. "The Innate Versus the Manifest: How Universal Does Universal Have to Be? (Commentary on Buss 1989)", *Behavioral and Brain Sciences*, v. 12, pp. 36-37, 1989.

___. "The Psychological Foundations of Culture", in J. H. Barkow, L. Cosmides e J. Tooby. *The Adapted Mind: Evolutionary Psychology and the Generation of Culture*. New York: Oxford University Press, 1992, pp. 19-136.

TRAVIS, Carol. *The Mismeasure of Woman*. New York: Simon and Schuster, 1992.

TRIVERS, Robert L. "The Evolution of Reciprocal Altruism". *Quarterly Review of Biology*, v. 46, pp. 35-57, 1971.

TYLOR, Edward Burnett. *Anahuac, Or Mexico and the Mexicans, Ancient and Modern*. London: Longman, Green, Longman and Roberts, 1861.

VAYDA, Andrew P. "Failures of Explanation in Darwinian Ecological Anthropology", partes I e II. *Philosophy of the Social Sciences*, v. 25, n. 2, pp. 219-49; v. 25, n. 3, pp. 360-77, 1995.

WEISS, Rick "Twin Data Highlights Genetic Changes". *The Washington Post*, p. A2, 05/07/2005.

WESTON, Kath. *Families We Choose: Lesbians, Gays, Kinship*. New York: Columbia University Press, 1991.

___. "Forever Is a Long Time: Romancing the Real in Gay Kinship Ideologies", in S. Yanagisako e C. Delaney. *Naturalizing Power: Essays in Feminist Cultural Analysis*. New York: Routledge, 1995, pp. 87-110.

WHEELER, David. "Evolutionary Economics". *The Chronicle of Higher Education*, 5 jul. 1996, A8.

WHYTE, Martin King. "Cross-Cultural Codes Dealing with the Relative Status of Women". *Ethnology*, v. 17, pp. 211-37, 1978.

WILSON, Margo e Martin DALY. "The Man Who Mistook His Wife for a Chattel", in J. H. Barkow, L. Cosmides e J. Tooby (orgs.). *The Adapted Mind: Evolutionary Psychology and the Generation of Culture*. New York: Oxford University Press, 1992, pp. 289-326.

WRIGHT, Robert. *The Moral Animal: The New Science of Evolutionary Psychology*. New York: Vintage Books, 1994.

YANAGISAKO, Sylvia e Carol DELANEY (orgs.). *Naturalizing Power: Essays in Feminist Cultural Analysis*. New York: Routledge, 1995.

ZIHLMAN, Adrienne L. "Women in Evolution, part II, Subsistence and Social Organization among Early Hominids". *Signs*, v. 4, n. 1, pp. 4-20, 1978.

SOBRE A AUTORA

SUSAN MCKINNON nasceu em São Francisco, Estados Unidos. Graduou-se em antropologia na Universidade da Califórnia em Santa Cruz e defendeu mestrado e doutorado, também em antropologia, na Universidade de Chicago. De 1978 a 1980 e de 1983 a 1984, realizou trabalho de campo nas ilhas Tanimbar, no leste da Indonésia, onde investigou as hierarquias sociais estabelecidas com base em diferentes articulações de gênero, parentesco e casamento. Em 1984, tornou-se professora e pesquisadora do Departamento de Antropologia da Universidade da Virgínia, em Charlottesville, obtendo em 2017 o título de professora emérita. Em 2005, recebeu o National Endowment for the Humanities Fellowship, uma das bolsas de pesquisa acadêmica mais renomadas na área de ciências humanas. McKinnon integrou o conselho editorial da *Cultural Anthropology* e do *Journal of Social Archaeology* e é membro de associações de antropologia e etnologia nos Estados Unidos e em outros países, entre elas a American Anthropological Association (AAA). Desde a década de 1980, escreve e coorganiza obras sobre as relações de parentesco, a prática intercultural do casamento, os padrões de gênero e sexualidade na modernidade e a maneira como o discurso científico aborda essas questões.

OBRAS SELECIONADAS

From a Shattered Sun: Hierarchy, Gender, and Alliance in the Tanimbar Islands. Madison: University of Wisconsin Press, 1991.

(org. com Sarah Franklin) *Relative Values: Reconfiguring Kinship Studies*. Durham: Duke University Press, 2001.

(org. com Sydel Silverman) *Complexities: Beyond Nature and Nurture*. Chicago: University of Chicago Press, 2005.

(org. com Fenella Cannel) *Vital Relations: Modernity and Persistent Life of Kinship*. Santa Fe: SAR Press, 2013.

COLEÇÃO EXIT Como pensar as questões do século XXI? A coleção Exit é um espaço editorial que busca identificar e analisar criticamente vários temas do mundo contemporâneo. Novas ferramentas das ciências humanas, da arte e da tecnologia são convocadas para reflexões de ponta sobre fenômenos ainda pouco nomeados, com o objetivo de pensar saídas para a complexidade da vida hoje.

LEIA TAMBÉM

24/7 – capitalismo tardio e os fins do sono
Jonathan Crary

Reinvenção da intimidade – políticas do sofrimento cotidiano
Christian Dunker

Os pecados secretos da economia
Deirdre McCloskey

Esperando Foucault, ainda
Marshall Sahlins

Desobedecer
Frédéric Gros

Big Tech – a ascensão dos dados e a morte da política
Evgeny Morozov

Depois do futuro
Franco Berardi

Diante de Gaia – oito conferências sobre a natureza no Antropoceno
Bruno Latour

Tecnodiversidade
Yuk Hui

Título original: *Neo-Liberal Genetics: The Myths and Moral Tales of Evolutionary Psychology.*
© Prickly Paradigm Press LLC, 2005
© Ubu Editora, 2021

Coordenação editorial FLORENCIA FERRARI
Edição BIBIANA LEME
Assistentes editoriais GABRIELA NAIGEBORIN,
    ISABELA SANCHES e JÚLIA KNAIPP
Revisão ANDRÉ ALBERT e CLÁUDIA CANTARIN
Projeto gráfico da coleção ELAINE RAMOS E FLÁVIA CASTANHEIRA
Projeto gráfico deste título LIVIA TAKEMURA
Produção gráfica MARINA AMBRASAS
Comercial LUCIANA MAZOLINI
Assistente comercial ANNA FOURNIER
Gestão site / Circuito Ubu BEATRIZ LOURENÇÃO
Criação de conteúdo / Circuito Ubu MARIA CHIARETTI
Assistente Circuito Ubu WALMIR LACERDA
Assistente de comunicação JÚLIA FRANÇA
Atendimento JORDANA SILVA e LAÍS MATIAS

Nesta edição, respeitou-se o novo Acordo Ortográfico da Língua Portuguesa.

UBU EDITORA
Largo do Arouche 161 sobreloja 2
01219 011 São Paulo SP
(11) 3331 2275
ubueditora.com.br
professor@ubueditora.com.br
/ubueditora

Dados Internacionais de Catalogação na Publicação (CIP)
Bibliotecário Vagner Rodolfo da Silva – CRB 8/9410

M478g McKinnon, Susan
Genética neoliberal: Uma crítica antropológica da psicologia evolucionista. / Susan McKinnon; traduzido por Humberto do Amaral. Prefácio de Christian Dunker; Posfácio de Marta Lamas. Título original: *Neo-Liberal Genetics: The Myths and Moral Tales of Evolutionary Psychology*. São Paulo: Ubu Editora, 2021.
224 pp. / Coleção Exit
ISBN 978 65 86497 41 0

1. Política. 2. Neoliberalismo. 3. Antropologia. 4. Psicologia. 5. Genética. I. Amaral, Humberto do. II. Título.

2021-1902   CDD 320   CDU 32

Índice para catálogo sistemático:
1. Política 320   2. Política 32

FONTES Edita e Whyte Inktrap
PAPEL Alta alvura 90 g/m²
IMPRESSÃO Margraf